pharmakon

叢書パルマコン
04

〈趣味〉としての戦争

戦記雑誌『丸』の文化史

佐藤彰宣

創元社

〈趣味〉としての戦争

戦記雑誌『丸』の文化史

目次

はじめに

戦争への執着

「丸」を読まずして平和を語る勿れ。「丸」は戦争と軍事科学のやさしくて高級な専門雑誌です。[1]

一九六五年、『丸』は自らをこのように紹介した。『丸』は、「戦史と戦記と軍事の月刊雑誌」を名乗るミリタリー専門誌である。主としてアジア・太平洋戦争に関する体験記や、戦闘機・軍艦・戦車などの軍事兵器の紹介、そして自衛隊や日本の安全保障・国際情勢に関する論説などを扱っている。大戦終結から三年後の一九四八年に創刊された同誌は、出版社を移すなど紆余曲折を経ながら、二〇二一年の現在でも刊行が続く老舗誌といえよう。

それにしてもなぜ「戦争と軍事」を扱う雑誌を読むことが、「平和を語る」ことにつながるのだろうか。通常、「戦争や軍事」と「平和」は相反するもののようにイメージされよう。

特に戦後のジャーナリズムや教育界では「戦争はいけない」という理念が大きな影響力を持ってきた。戦争を絶対悪とする平和主義の思想は、戦後の日本社会において基調をなし、今日でも「反戦平和」教育が学校現場では積極的に行われている。

だがそんな「反戦平和」の価値が積極的に語られてきた影で、戦争に執着し、魅せられてきた人々も少なからずいる。[2]今日まで続く雑誌『丸』の存在は、それを物語っている。そこには、戦後の論壇や教育界での平和主義や戦

図0-1 『丸』2018年4月号

争認識とは異なる、〈趣味〉としての戦争のあり様も見えてこよう。

「反戦平和」を基調としてきた教育界からは、しばしば『丸』とその読者は「戦争賛美」や「右傾化」の象徴のようにもみなされてきた。それゆえに、『丸』とその読者がこれまで正面から検討されてこなかった。実際『丸』には、「兵器好きのマニアだけが読む雑誌」「好戦的」という印象が付きまとってきた。(3)『丸』のみならず、今日では「ミリオタ」と形容されるミリタリーファンもまた「右派」、あるいは「保守」のように一般的にイメージされ、白眼視されてきた存在であろう。とりわけ教育界においては、ナチスドイツやヒトラーへの関心と同様に、(4)興味や関心を持つことすらタブーとされる対象でもあった。もちろん、そこには戦争を体験した世代による「あの戦争を繰り返してはならない」という切実な戦争反対の意思が込められていた。そうしたなかで趣味や娯楽として戦記や軍事兵器に関心を持つ、一見「不謹慎」ともとれる戦争観の形成過程は、これまで視界の外に置かれてきたのである。

だが一方で、『丸』という雑誌は、日本社会のなかで独特の歴史や戦争に対する認識の仕方を形作ってきた。実際、石破茂や佐藤優、池上彰など、愛読者であったことを公言する政治家やジャーナリストも一定数いる。防衛庁長官や防衛大臣を務めた石破は、二〇一八年の『丸』創刊七〇周年に寄せた記事の中で「軍事を知ることが防衛政策の第一歩」と題して以下のように述べている。

月刊雑誌「丸」を初めて読んだのは、はっきりと覚えてはいませんが中学一年または二年生頃でした。当時、模型雑誌を購読しており、その記事の中で『「丸」によれば』の記述を見かけて雑誌の存在を知ったのが最初だったと思います。私は艦船模型が好きでしたので、主に帝国海軍の戦艦の特集などを読んでおりました。その後、国会議員として防衛の仕事に携わるようになってから再び読むようになりました。自民党、幹事長を拝命していた時も、大戦末期の伊号四〇〇潜水艦について調べる機会があり、今でいう戦略原潜のルーツであったことなどを「丸」を読んで知りました。

兵器や軍事を知っていると「兵器マニア」や「軍事オタク」と言われ敬遠される風潮が今日まで続いていますが、これは不健全ではないかと思っています。兵器について知ることは開発国の防衛＝軍事戦略・思想を知ることに通じていると思うからです。

安全保障関連の仕事ももう二五年ほど携わってきて、各国の国防大臣との面会の際には、その国の兵器もできるだけ見学するように心がけています。

軍事を知ることこそが健全な防衛政策につながるのであり、兵器の歴史や現在の技術などを幅広く取り上げている「丸」に今後もがんばってもらいたいと思っております。(5)

石破は自伝や対談本など様々な機会で、繰り返し『丸』などのミリタリー雑誌を読んできた経験を回想しながら「軍事を知らずして平和を語るな」と説いている。(6) 石破は「兵器や軍事を知っていると「兵器マニア」や「軍事マニア」と言われ敬遠される風潮」に抗して、『丸』を通して養われた自らの兵器や軍事の関心や知識こそが、政治家としての「安全保障の仕事」につながっていると強調する。

また作家の佐藤優とジャーナリストの池上彰も「知識・教養を身につける方法」を語る対談企画のなかで、「世界の動きを知るうえで役に立つ」専門誌として『軍事研究』と併せて、『丸』を取り上げている。(7) 池上は「小学生のころ愛読」しており、佐藤も「プラモデル好きにもたまらない」と『丸』について語る。こうして『丸』を取り上げながら、「軍事戦争のジャンルには、ビジネスパーソンにも役立つ内容が結構あります」と説くのである。[8] 彼らは、『丸』をはじめとするミリタリー雑誌に掲載される軍事や戦争に関する話題を、国際情勢や外交の「知識・教養」として位置付けている。

このように愛読者たちが共通して語るのは、「平和を語るためには戦争を知らなければならない」という価値規範であり、冒頭で示したようなまさに『丸』が掲げてきた態度である。

その意味で『丸』は、日本社会のなかで人々が戦争をどう認識してきたのかを考えるうえで、重要な研究対象といえる。「戦争はいけない」という価値観が強く訴えられる社会のなかで、『丸』という雑誌とそれに関わる編集者や読者たちは、なぜ「戦争」に執着してきたのだろうか。いかにして「「丸」を読まずして平和を語る勿れ」という規範が生まれたのか。これらを問う作業は、今日的な「ミリオタ＝兵器好きのマニア」というイメージが定着するまでに、どのようなプロセスを経たのかを検証することでもある。[9]

何が〈趣味〉としての戦争を成り立たせていたのか

戦記雑誌『丸』を手に取ってきたのは、教育や論壇とは異なる次元で、いわば趣味として戦争や軍事に興味関心を抱くような人々である。だが、なぜ趣味であるにも関わらず、「「丸」を読まずして平和を語る勿れ」と声高に主張するような態度が生み出されたのであろうか。

ひとまず〈趣味〉を対象と理念という二つの側面に分けて考えてみたい。ここでいう対象とは、何を愛好するかというように、興味関心が向けられる物や事柄そのものを指す。それに対して理念は、「かくあるべき」という態度や志向を表す。こうした対象と理念は、前者が『丸』の記事内容に、後者は『丸』の読者欄や編集後記で語られる理念や規範にそれぞれ対応している。もちろん両者は厳密に分けられるわけではなく、対象と理念が相互に交わりながら、〈趣味〉としての戦争観が形作られていく。

とりわけ戦記や兵器に関心を寄せることは、戦後の日本社会のなかで一定の負い目や葛藤を抱えることになったはずである。「平和主義」としての厭戦意識が人々の間に浸透していた敗戦国では、なぜ戦争に関心を寄せるのかを弁護する必要があった。言い換えれば、興味の対象としての「戦争」を正当化するために、志向する理念としての「戦争」を語ることが求められたのである。

本書では『丸』のなかで扱われてきた対象の変化とともに、理念の変化に目を向けたい。それは、戦後の日本のなかで、〈趣味〉としての戦争が形成されるプロセスを追うことでもある。

〈趣味〉としての戦争を問ううえで、なぜ戦記雑誌という媒体を取り上げるのか。それは、戦争を扱う他のメディア（SF・戦記マンガ・プラモデルなど）とどのような関係にあったのか、そして編集者や読者が何を求め、どうあろうとしたのかが、雑誌に常設された読者欄・編集後記などで積極的に語られるからである。読者欄や編集後記は、雑誌という媒体ならではの独自のコミュニケーションが生まれる空間でもある。そこには特定の趣味＝理念を共有しているという想像力が存在し、一枚岩ではなく不確かさを伴ったものでもありながら、特定の規範や秩序が練り上げられていく。雑誌に付設された読者欄や編集後記を通して形成される〈趣味〉としての戦争という態度・規範を本書は読み解いていきたい。

もちろん読者欄は、実際の読者の声をそのまま反映したものではない。読者欄に掲載されるのは、編集者の価値規範に沿った投書である。編集者によって「選別」された読者の声、それは裏を返せば、雑誌の規範を内面化した「従順な読者」の声でもある。雑誌の「色」が反映されたものとして解釈することもできる。

ミリタリーカルチャーを見渡す媒体

現在、多くの書店の雑誌コーナーの一角には「ミリタリー」や「軍事」の棚が据えられている。出版不況が叫ばれて久しいなかで、戦史や軍事、兵器、模型などのミリタリーカルチャーに関連する多種多様な専門誌が刊行され

図0-1　主要ミリタリー雑誌と『丸』の関係

ている。

ミリタリー・カルチャー研究会として吉田純をはじめとする社会学者たちが二〇一五年に行った調査においては、ミリタリーファンに読まれている雑誌として、『航空ファン』、『世界の艦船』に次いで『丸』は第三位にランクインしている。(10)

ここで挙がっている航空専門誌『航空ファン』（文林堂、一九五二年創刊）、艦船専門誌『世界の艦船』（海人社、一九五七年創刊）などのなかで、一九四八年創刊の『丸』は現在刊行されているミリタリー雑誌のなかで最も刊行期間の長い雑誌である。近年の発行部数としては、二〇一四年時点での四万八〇〇〇部から二〇一九年時点では四万五〇〇〇部に落としているものの、命脈を保っている。(11)

ミリタリー雑誌の布置関係からみても『丸』の存在は特異なものといえよう。一般向けの商業誌としてのミリタリー雑誌は基本的に、戦史、軍事、メカニズム、模型など、それぞれのジャンルに特化した専門誌として刊行されている。現在刊行されている主要なものとしては、戦史を扱う『歴史群像』（学習研究社、一九九二年創刊）、『歴史街道』（ＰＨＰ、一九八八年創刊）、軍事情勢を扱う『軍事研究』（ジャパンミリタリーレビュー、一九六六年創刊）、自衛隊広報誌の『MAMOR』（扶桑社、二〇〇七年創刊）、軍事兵器を扱う『MILITARY CLASSICS』（イカロス出版、二〇〇三年創刊）、航空に特化した『航空ファン』、『J Wings』（イカロス出版、一九九八年創刊）、また艦船に特化した『世界の艦船』、『J Ships』（イカロス出版、二〇〇〇年創刊）、戦車専門の『PANZER』（サンデーアート社、一九七五年創刊）、銃を扱う『コンバットマガジン』（ワールドフォトプレス、一九八〇年創刊）、模型誌としての『Arms MAGAZINE』（ホビージャパン、一九八九年創刊）や『モデルアート』（モデルアート社、一九七〇年）などである。

ジャンルごとにセグメント化されて刊行される出版界のなかで、戦史・軍事・メカニズム・模型などを包括的に扱う『丸』はこれらミリタリーカルチャーの総合誌として存在しているのである。

戦後日本におけるミリタリー雑誌の原点であり、その代表的存在でもある『丸』のこれまで来歴を辿ることは、単なる雑誌研究に留まらず、ミリタリーカルチャーのメディア史としても一定の意義があろう。というのもインターネット普及以前は、雑誌こそがミリタリーへの関心を共有する中心的なメディアであった。特定の読者層が興味関心を抱く対象を収集し、理念として束ねる。その意味で、雑誌は趣味の媒体といえよう。永嶺重敏は「雑誌は単にニュースや情報を得るためのメディアではなく、それは読者との複雑かつ多様な強い愛着関係の中で存在し」、「各自の選択した特定のある雑誌を「唯一の友」として「唯一の師」として濃密な人格的一体感のなかで受容している」と指摘した。[12] 雑誌という媒体を通して、対象に触発され、理念に共鳴した存在としての「愛読者」がそこには浮かび上がる。特に新規参入者にとっては、ミリタリー的価値規範に接するまさに「触媒」であり、他の関連メディアへの橋渡しを行うプラットフォームでもあった。

本書はこうした「趣味」のメディアとしての雑誌という視点を念頭に置きながら、『丸』の変遷を辿ることで、日本社会のなかでなぜ「平和を語るためには戦争を知らなければならない」という態度が成立したのかを明らかにしたい。

第一章　「眞相はかうだ」の鬼子——一九四八年〜一九五六年

雑誌『丸』は、戦争体験記や軍事兵器を専門に扱う一般の商業誌である。一九四八年に創刊された『丸』は、出版社を変えながら現在でも刊行が続いており、ミリタリーファンや戦史マニアにとってはお馴染みの雑誌として知られている。

「戦記の専門誌」ではなかった時代

ただし『丸』は必ずしも当初から「戦争」を主題とした雑誌ではなかった。実は『丸』には、「総合雑誌」だった時期が存在している。一九四八年三月の創刊から一九五六年三月号までの八年間である。そこには、現在の戦記雑誌としてのイメージからは大きなギャップがあるようだ。

図 1-1　『丸』1953 年 11 月号

例えば、作家の出久根達郎は、帝国ホテルに関する資料を探していたところ、ある古書店の販売目録のなかに『丸』の名前をみつける。一九五三年一一月号の『丸』に掲載されたホテルに関する記事が目に留まったのである。しかし「注文しようとして、まてよ、と迷った。誌名である。『丸』という雑誌は、確か、戦記の専門誌ではなかったか」と出久根は逡巡したという。(1)「戦記の専門誌」としてのイメージが強い『丸』だが、かつてはそうした像とはかけ離れた姿を有していた。

『丸』が戦記雑誌とは異なる顔を持っていたことについてはもちろん、戦争体験記を扱った歴史学的研究においても多少は触れられてきた。[2] これらの先行研究では、占領終結後に台頭する戦記ブームの傍証として『丸』の存在に言及している。戦記ブームに掉さして「総合雑誌から戦記雑誌へ」と転じた『丸』の変化が強調されてきたわけである。しかしその半面、そもそも創刊当初の「総合雑誌」だった『丸』が、どのような雑誌であったのかについては見落とされてきた。

「総合雑誌」時代の『丸』のあり方を検討することは、戦後日本における「戦記ブーム」の姿を問い直すことにも繋がるだろう。というのも、出版界での戦記ブームは一九五二年のサンフランシスコ講和条約発効前後を起点とするが、[3] それに対して『丸』の「戦記雑誌」化は一九五六年四月号からであり、一定のタイムラグが存在しているのである。では、このタイムラグはどのような意味を持っているのだろうか。

占領期の出版文化史では、カストリ雑誌と『リーダーズ・ダイジェスト』に触れるのが、これまでは定石であった。特に一九四六年に創刊された『リーダーズ・ダイジェスト』(日本版)は、『日米会話手帳』やマンガ『ブロンディー』などと並んで、「アメリカへの憧れ」を提示するメディアとして検討されてきた。[4] 後述するように創刊当初の『丸』も『リーダーズ・ダイジェスト』を模したとみられる要素が多々あるが、その一方で当時の誌面を子細に検討していくと、『丸』には「アメリカへの憧れ」とは異質な占領期の出版文化が浮かび上がってくる。

とはいえ、たしかに「総合雑誌」時代の『丸』は当時から『リーダーズ・ダイジェスト』に比べると日陰の存在とされていた。編集部自身も「本誌の発行部数は大したものではない」と自認している。[5] その一方で、大宅壮一や鶴見祐輔らを主要な論客とし、丸山邦男が編集部に在籍するなど、論壇を引っ張る一線級の著名な知識人や文化人が関わっていた雑誌でもある。その意味で、占領期のメディア史研究としても「総合雑誌」時代の『丸』を検討することは重要な意味を持つだろう。

しかも『丸』は繰り返しになるが、「総合雑誌」として一九四八年から五六年まで八年間という一定期間命脈を保った。当時の社会に生きる人々は「総合雑誌」としての『丸』に何を期待していたのか。

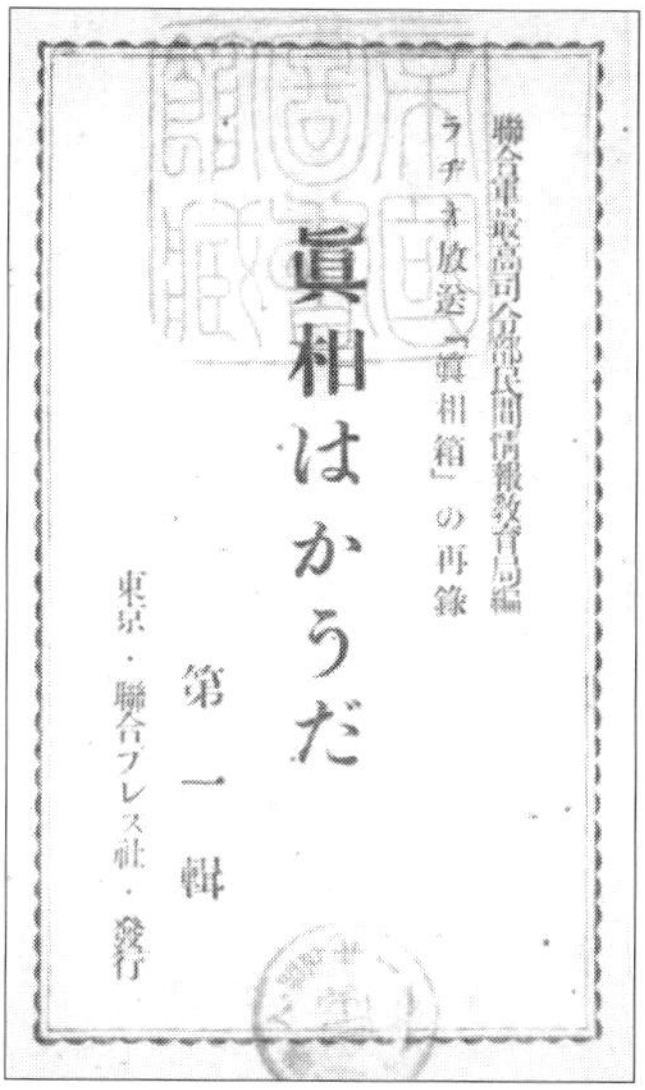

図 1-2 『眞相はかうだ』（聯合プレス社、1946 年）

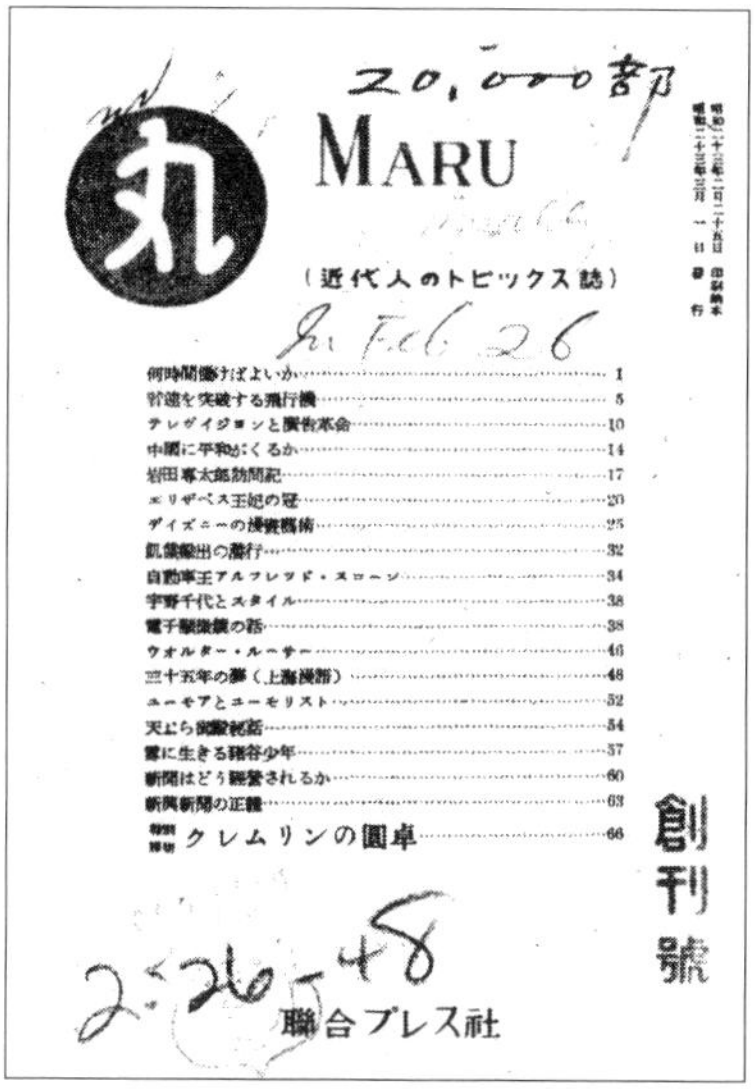

図 1-3 『丸』創刊号（1948 年 3 月号）

総合雑誌『丸』の誕生

雑誌『丸』は一九四八年三月に、聯合プレス社より創刊された。聯合プレス社は、芝東吾により一九四六年に設立され、当初は東京・銀座に社を構えていた。[6] 芝は一八九七年にハワイで生まれ、コロンビア大学を卒業後、ジャパン・タイムス社に入社し、戦前より『英文日満年鑑』などの海外関連の出版物を手掛けてきた。[7]

『丸』創刊以前に同社が手掛けた刊行物として注目を集めたのが、ラジオ番組「眞相箱」を書籍化した『眞相はかうだ』（一九四六年）である。「眞相はかうだ」およびその後継番組「眞相箱」は、ＧＨＱによる対日占領政策の一環として、ＣＩＥが担当したラジオ放送であり、占領期のメディア政策の重要な分析対象としてメディア史研究ではしばしば取り上げられてきた。[8] 聯合プレス社の『眞相はかうだ』も、日本国民に「戦争の有罪性」を認識させ、占領政策を軌道に乗せるために計画されたＧＨＱの情報教育プログラムの一つであった。[9] もっとも、そうしたＧＨＱの歴史観は単に「押し付けられた」ものではなく、日本側にとっても軍部をスケープゴートにし、天皇や国民の戦争責任を回避する意味で都合の良いものでもあった。いずれにしても、こうした占領期のメディア政策との関わりの深い刊行物を手掛けていた出版社により、『丸』は一九四八年三月に創刊された。

創刊号の編集兼発行人は黒宮慎造で、定価は二五円であった。国立国会図書館のプランゲ文庫に所蔵されている創刊号の表紙に「二〇〇〇〇部」と記されており、発行部数と推測される。一九五一年時点での部数は、一三〇〇〇部であった。[10] 一九四九年時点で百万部を超える発行部数を誇った『リーダーズ・ダイジェスト』と比べると、決して大きな数字とは言えない。

『丸』という誌名は何に由来するのだろうか。今日では、軍事や戦争を主題とするため、しばしば「日の丸」の「丸」や船舶の「丸」を想起させるが、必ずしもそうした向きがあったわけではない。創刊間もない読書欄には、誌名の意味をめぐって読者と編集者との間で次のようなやりとりがみられる。

読者　創刊号から愛読しています。内容はとても面白いですが「丸」とはふざけた雑誌名ですなア。一体、何を意味するのですか。

編集部　この質問をするのは、貴方で三十八人目です。「丸」とは「近代人のトピックス誌」──と大きく出たいのですが、出るには十年先のおあづけにします。[11]

「近代人のトピックス誌」と大きく出たいと述べる編集部の回答からは、誌面の由来は判然としない。創刊当初においては『丸』の誌名には明確な意味があったわけではないことが窺える。[12]

創刊号の表紙には「近代人のトピックス誌」と銘打たれ、「何時間働けばよいか」、「音速を突破する飛行機」、「テレヴィジョンと広告革命」、「中国に平和がくるか」など、国際情勢や科学技術、ビジネス、映画などさまざまなジャンルの記事が並んでいる。ただ創刊号に限っては「先の戦争」に関わる記事は見当たらず、たしかにこの時点においては現在の戦記雑誌の姿とは隔世の感がある。

では、創刊当初の『丸』が掲げた「近代人のトピックス誌」とは何なのか。創刊号の編集後記には、「近代人のトピックス誌」を名乗る狙いが、以下のように綴られている。

> 企画とアイディアは絶えず明日のものでありたい。本誌の企画するところも同じだ。そして、本誌が新しい企画のもとに出発したところを読者は知るだろう。知識は固意地に苦んで得るよりも、楽しくフリーに得る方がよい。明日の知識と教養は、読者諸君のポケットにあるだろう。[13]

『丸』が掲げた「近代人のトピックス誌」には、「明日の知識と教養」の提示という意味が込められていた。そこには後に明確に言語化されることになるが、『改造』や『中央公論』などに代表される従来的な総合雑誌との差異化が意図されていた。すなわち、硬派な論稿を並べた総合雑誌に対して、平易な解説記事によって知識を「楽しくフリーに得る」ことができる『丸』という構図である。

「明日の知識と教養」が掲げられた背景には、終戦後の社会における人々の知識欲や活字欲の高まりが関わっていた。占領期の出版文化と人々の知識欲について、土屋礼子は「戦時中に縛られていた知識欲が解放され、かつてないほどの読書熱が人々に広がっていた」としたうえで、「学生や知識人層だけでなく、労働者や農民などあらゆる階層で、活字を読むことが、単なる娯楽としてではなく、新しい時代に遅れず、新日本の担い手に必要な教養や思想を手に入れる手段だと考えられ、肯定された」と指摘する。[14]

従来の総合雑誌の読者であった学生や知識人層だけでなく、知識欲や活字欲が幅広い層に広がる占領期の出版文化のなかで、「固意地に苦んで得る」論文ではなく、「楽しくフリーに得る」解説記事中心の雑誌形態のあり方が模

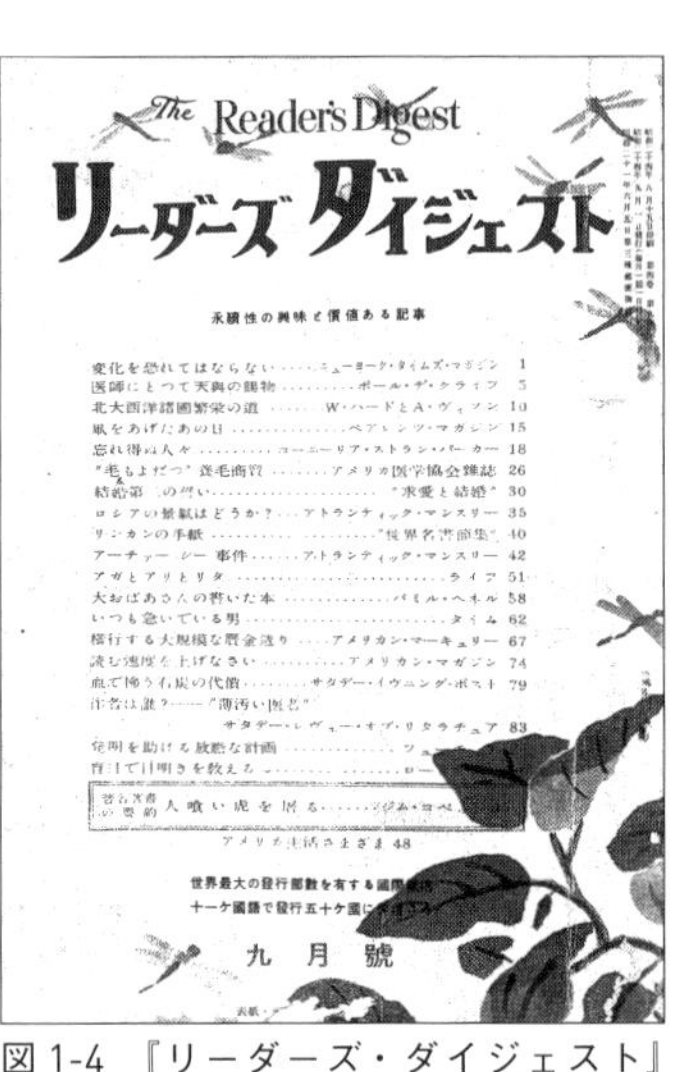

図 1-4 『リーダーズ・ダイジェスト』1949 年 9 月号

索されたのである。実際、創刊当初の『丸』の読者欄には、以下のような声がみられる。

> 内容においては改造や評論の上を行きながら、小学校を出ただけの学歴の者にも気楽に読めるような編集ぶりには、感心させられています。この調子をはずしたくないものです。益々健闘を祈ります。(15)

まさに「改造や評論」といった従来の総合雑誌とは異なって、「小学校を出ただけの学歴の者にも気楽に読めるような編集ぶり」が読者からは評価されていたのである。他の読者からも同様に「貴誌のごとき雑誌が、大衆に正確な情報もあたえ、指導もされんことを特に望む」と期待されていた。(16)

そしてそこで提示される「明日の知識と教養」とは当初、旧来的な日本のあり方とは異なる、「国際性」や「アメリカ」らしさが強調されたのである。

それゆえに『丸』が掲げた「近代人のトピックス誌」に呼応するように、創刊号への感想として「平易な科学的記事を出来るだけ多く載せていただきたい」という読者の声が寄せられた。編集部も応じて「今後海外の新しい科学方面の記事をどしどし紹介」していくと返答している。(17) その後もスポーツや将棋などの娯楽とともに、「経済・科学・外国生活等」に関する記事の掲載を希望する声や、(18)「貴誌は「近代人のトピックス誌」らしく、もつと海外事情の全般に亘つて掲載して下さい」という声が読者欄にみられる。(19)

上記の創刊号の編集後記において「明日の知識と教養は、読者諸君のポケットにある」という言葉にもあるように、創刊当初の『丸』はB6判の文字通りポケットサイズでの刊行であった。[20]ポケットサイズの形態は通勤などの移動の際にも手軽に読むことのでき、平易な解説記事中心の『丸』の誌面構成もこの形態に沿うものであった。

もっとも、こうした雑誌のあり方は『丸』独自のものではない。同じB6判の形態で当時注目されていた雑誌が、『リーダーズ・ダイジェスト』である。一九四六年に日本版が創刊され、先述したように一〇〇万部を超える発行部数で当時話題になっていた『リーダーズ・ダイジェスト』だが、「ダイジェスト」つまり解説記事を中心とした誌面構成なども『丸』と類似していた。とはいえ、むしろ当時出版界を賑わせていた『リーダーズ・ダイジェスト』を後発の『丸』が模倣したという見方が適切だろう。

ただし、『リーダーズ・ダイジェスト』と『丸』との間にも見逃すことのできない相違があった。『リーダーズ・ダイジェスト』は現地アメリカ版の翻訳記事を中心にした誌面構成だったが、一方で『丸』は日本の政財界の論客からの寄稿を募っていくこととなる。

公職追放者の起用

創刊号の目次では無記名の記事も多かった『丸』だが、翌号（一九四八年四月号）からは、ほぼ全てが署名入り記事となる。そうしたなかで目に付くのは、論客人の顔触れである。

第二号となる一九四八年四月号では、津村秀夫「映画演出の巨匠ゴオルドウイン」、小林一三「根本対策を立てよ」などが掲載された。津村は戦時期には座談会「近代の超克」にも出席した映画評論家であり、小林は言わずと知れた政財界に大きな影響力を持った実業家であるが、両者はともに当時公職追放に処せられていた。翌五月号でも小林一三「インフレ防止の実行案」、小林同様に公職追放の身にあった政治家・鶴見祐輔「ヂスレリー苦闘伝」などが並んでいる。鶴見はその後も、巻末の「特別読物」をはじめ度々寄稿している（**表1-1**）。小林や鶴見の他、創刊当初の『丸』は大映社長の永田雅一、ダイヤモンド社社長の石山賢吉ら政財界の公職追放者を主要論客とした。

表 1-1 「特別読物」一覧（1948 年～ 1949 年の目次より、筆者作成）

年月	執筆者	記事名
1948 年 3 月号	三浦五郎	クレムリンの円卓
4 月号	藤澤政男	中国工業化の鍵
5 月号	鶴見祐輔	ヂスレリー苦闘伝
6 月号	相馬逸郎	半球を飛ぶロケット
7 月号	平尾史郎	ヒットラーの終焉
8 月号	鶴見祐輔	ウインストン・チャーチル
9 月号	木下八郎	断末魔のラバウル
10 月号	ジヤック・ブリンクリー	フランク・ブリンクリーと明治時代
11 月号	増田信一郎	石山賢吉と野依秀市
12 月号	藤田五郎	カァル・ツァイスの生涯
1949 年 1 月号	鶴見祐輔	スターリン
2 月号	高橋昭夫	ソ連抑留記
3 月号	古村啓藏、三上作夫、（岸本牧夫）	南雲とサイパン作戦
4 月号	増田信一郎	永田雅一と大映
5 月号	澤田謙	産業界の惑星カイザー
6 月号	佐々木邦男	ソ連外交官脱走記
7 月号	岸本牧夫	山本元帥の最期
8 月号	澤田謙	新聞天才の生涯
9 月号	大久保宏	デ氏と世界石油政略
10 月号	大久保宏	航空王 J・T・トリップ
11 月号	無記名（「M」）	朝日新聞を解剖する
12 月号	無記名（「B」）	天皇陛下の一日

同時に、彼ら公職追放者を主題とした読物、「石山賢吉と野依秀一」（一九四八年一一月号）や「永田雅一と大映」（一九四九年四月号）なども掲載された。

公職追放は、ＧＨＱの占領政策として、軍隊の解放や戦争犯罪人の逮捕とともに強制的に執行された非軍事化改革の一環として一九四六年一月より開始されたものである。[21] 一九四六年に行われた第一次公職追放では、軍関係者を中心に軍国主義者や国家主義者とされた者、約一〇〇〇〇人が公職（官職や政党・団体・報道機関の重要な役職）

から追放された。さらに一九四七年の第二次公職追放では、対象者の範囲が戦時中の主要な財界人やメディア関係者、地方政財界人にまで拡大されたことで、一次と合わせて全体で一万九〇〇〇人から二万人にも及んだ。[22]一九五一年および一九五二年の追放解除にいたるまで、追放対象者は官庁と関係の深い会社などの役員や議員などの公職に就くことが禁止された。[23]

それではなぜ「戦時指導者」として公職追放に処せられた政財界の大物たちによる寄稿を『丸』は掲載したのか。公職追放者を積極的に起用した理由が、後年の一九五一年追放解除となった際に編集後記で語られている。

思えば敗戦以来六年間、つねにわれわれの頭に押しかぶさつていたものは、追放令の問題であつたといえよう。単に束縛をうけるだけでなく、政令違反というわずらわしい取締によつて、どれほど多くの人が悩まされ、おびやかされてきたことであろう。

実際は確たる理由なくして、あたら有為の才能をいだきながらこれを活用する機会を封ぜられ、むなしく髀肉の嘆を抱いていた人も決して少なくなかつた。

追放といつても政治関係、経済関係、言論関係等、追放の範囲は限定されていた。それにも拘わらず、一般新聞雑誌はこれらの人々をロックアウトしていた。しかし本誌は信ずるところあつて、創刊以来、政令に反せざる範囲において、これらの追放中の人々からも建設的な意見であれば、はばかるところなくこれを掲載しつづけてきた。もとより読者に対して出来得るかぎり、公平の立場から広く意見、資料を提供しようとする以外に他意はなかつたのである。そのために、誤解をまねいたことも少なくなかつた。

今後も一党一派に偏せず、あくまでも中道を歩む方針を堅持してゆきたいと思う。[24]

『丸』の編集部が述べるところでは、世間の風当たりが強く、公職追放者の存在を一般の新聞や雑誌は敬遠していたという。そんななかで、むしろ『丸』は、既存のメディアとの差異化として大物政治家・財界人を積極的に起用したのである。そのため「明日の知識と教養」を、戦前・戦中と「過去」に影響力を持った公職追放者らが提示するという構図が誌面上では展開されたのである。

『リーダーズ・ダイジェスト』をはじめとする占領期に登場した多くの新興雑誌は、GHQの民主化政策にも掉さして、五十嵐惠邦が指摘するように「アメリカの日常生活を理想化したかたちで描いた」[25]。「国際性」や「先進的なアメリカ」を奨励し、それを積極的に受け入れることは、戦時期までの「旧来的な日本」を否定し、自らの戦争責任から背を向けることの裏返しでもあったのである。

そうしたなかで創刊当初の『丸』には、同じ形式の『リーダーズ・ダイジェスト』を想起し「国際性」を期待する読者もいたが、実際の誌面はむしろ戦時期までの大日本帝国の政財界を背負った要人たちによって担われていた部分が大きい。

抑留体験の生々しさ

公職追放者が頻繁に登場する『丸』は、「先の戦争」の影を色濃く帯びていた。創刊号にこそ戦争に関する記事は掲載されなかったものの、その後の誌面では断続的に戦記やそれに類する手記が紹介されている。

第二号の一九四八年四月号には、元陸軍上等兵・田鎖源一の手記「欧露抑留記」が掲載された。「インテリ兵士「鉄のカーテン」を覗く」と銘打たれた同記事で記されたのは、第二次大戦直後から東西冷戦が露見する間のロシアでの抑留体験である[26]。第二次世界大戦の末期、ソ連が対日参戦を行うことによって、終戦からの数年間、約六〇万人の日本軍の将兵や一部の民間人がソ連やモンゴルに連行され、各地の収容所にて強制労働を強いられた[27]。『丸』に掲載された田鎖の手記は、まさにそうしたロシアでの抑留体験が綴られたものであった。

重要な点は、この当時の戦記の持つ意味合いである。戦争体験やそれに付随した抑留体験は、過ぎ去った過去のものではなく、この当時に現在進行形の出来事であった。「欧露抑留記」に対して、読者から以下のような声が寄せられた。

　「丸」四月号の「欧露抑留記」を非常に興味深く読みました。私の弟がシベリア辺に抑留されているらしいのですが、シベリアの実情は欧露と違つて大部悪いような噂を聞きますが、どんなものでしょうか、お伺い致します。(28)

弟がシベリアに抑留されているこの読者にとって、この手記は単なる国際情勢の解説記事の一つではなく、「シベリアの実情」すなわち弟の様子を知るための手がかりであった。言い換えれば、戦争への興味関心よりも、肉親の現況を何とか知りたいという切実さをもって、こうした記事を読む人々も存在していた。ソ連の抑留については、一九四八年九月号にも中野敏子の手記「ソ連に捕われて」が掲載されている。この手記については、実際に手記のなかに出てくるシベリアのバルナウル収容所で抑留され、手記の書き手の中野敏子と「一緒の所にいた」という抑留体験者からの感想が寄せられている。(29)当時の『丸』に掲載された抑留体験の手記は、読者にとっても生々しい体験を想起させるものであった。

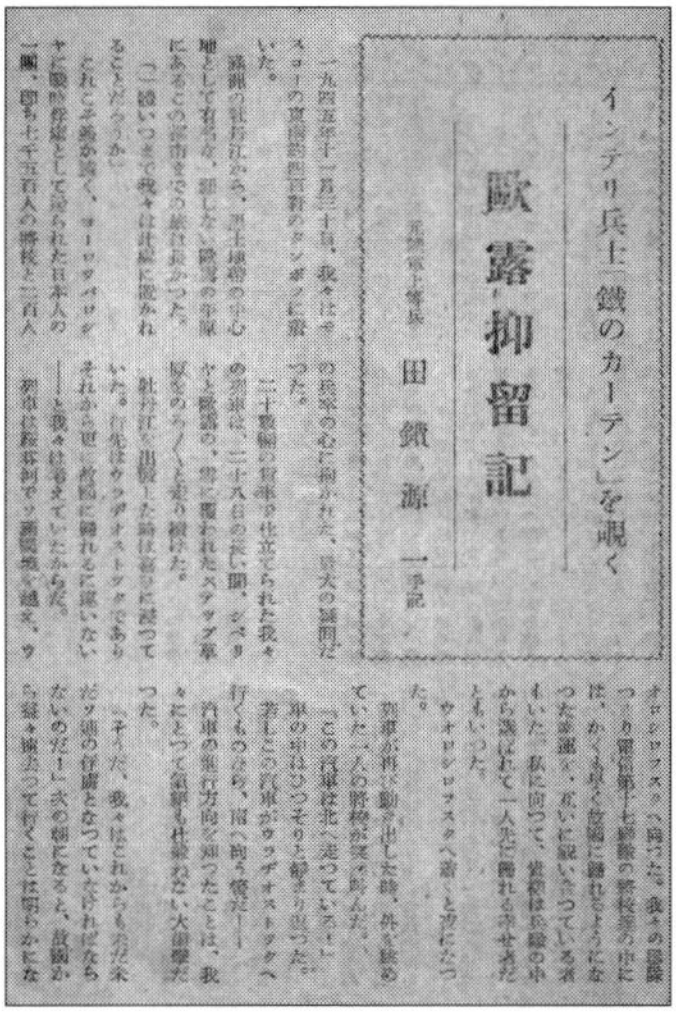
インテリ兵士「鐵のカーテン」を覗く

欧露抑留記

元陸軍上等兵　田鎖源一手記

図1-5　「欧露抑留記」（『丸』1948年4月号）

　その後も「抑留者の見たシベリア」として元陸軍・重砲兵長の田村一二三による「ハバロフスク地区の二ヶ年」（一九四八年一二月号）のほか、前掲の**表1-1**にもあるように、巻末読物として関東軍の元少年航空兵だった高橋昭夫による「ソ連抑留記」（一九四九年二月号）や、佐々木邦男「ソ連外交官脱走記」（一九四九年六月号）などが掲載された。

「真相」を読む高揚感

抑留体験記とともに、アジア・太平洋戦争関連の読物や手記も次第に大きく取り上げられていくようになる。誌面に初めて登場する戦記関連のものは、野村吉三郎「日本海軍回顧録」（一九四八年八月号）である。「先輩及び亡友の追憶」として同記事を綴った野村は、戦前・戦時期に海軍軍人および駐米大使の立場にあって、終戦後は公職追放に処されていた[30]。

さらに翌号にも巻末読物として元陸軍主計中佐・木下八郎「断末魔のラバウル」（一九四八年九月号）が掲載されると、戦場での従軍体験を持つ読者から以下のような声が寄せられた。

九月号の特別読物「断末魔のラバウル」は貴誌のいわれるように、トルストイの「セバストボール」に比較されるかどうかは知りませんが、戦争中南方第一線に従軍した小生には全く感慨無量な点がありました。いわゆる外国物よりも、あのような日本人自身の体験した記事を今後も載せていただきたく思います[31]

「いわゆる外国物よりも」とあるように、読者も『リーダーズ・ダイジェスト』を意識しながら、『丸』に戦争関連の読物を求めていた。こうした声を受け、その後も芝均平「レイテ海戦はどう戦われたか」および第二艦隊長官・元海軍中将の栗田健男らによる「なぜレイテ戦に敗れたか」（一九四八年一一月号）など、大々的に戦記ものが取上げられていく。引揚者が同記事に「深い感銘」を得たと評するように、生々しい戦争体験を持つ当時の読者もこうした戦記関連の読物を歓迎した[32]。

特に反響が大きかったのが、岸本牧夫「戦艦武蔵」（一九四九年一月号）および翌月号に掲載された戦艦武蔵の写真であった。

「丸」二月号を拝見しまして、何よりも最大の収穫は「戦艦武蔵」の写真でした。戦時中固く秘められていた船型写真が、貴誌により発表されるとは全く意外でした。あれこそ「秘められたる巨艦武蔵の写真発表」として、大いに宣伝すべきではなかつたでしょうか。海軍の搭乗員であつた自分でさえ、写真として見たのは初めてです。戦時中極秘されていた陸海空（ママ）軍の各事実、写真などを次々と発表して下さいませんか。敗戦下の現在であつても、皆が知りたがつていることですから、必ず歓迎されることと思います[33]

戦艦武蔵の写真を初めて見たことの驚きが綴られている。写真では搭乗員ですら見たことがなかったというように、戦時期に戦艦武蔵は、戦艦大和など他の戦艦とともに存在は多くの国民に知らされるものではなかった。もっとも戦艦武蔵を扱った著作としてはベストセラーとなった森正蔵『旋風二十年　解禁昭和裏面下巻』（鱒書房、一九四六年）などがあり[34]、必ずしも『丸』の同記事が嚆矢というわけではない。それでもここで期待されているのは、「戦時中に極秘にされていた」戦争の「事実」を「発表」することである[35]。

こうして『丸』における戦記には、戦争の「事実」や「真相」を暴くことが期待されるようになる。

私は当地ユネスコ事務局員ですが、貴誌に毎号掲載される第二次大戦の真相は、平和を希求する我々のよ

図 1-6「断末魔のラバウル」（『丸』1948年9月号）

き反省の糧であり、覚醒剤であろうと思います。あの悲惨だつた戦争の実態を知ることによつて、将来の日本に再び灰色のヴエールのかかることがないようにしたいものです。この悲しむべき戦争の真相を、順次に載せていただきたく存じます[36]

戦記によって提示される「戦争の真相」は、「反省の糧」であるとともに「覚醒剤」としての効用もあるとこの読者は述べる。「覚醒剤」の意味は推し量るしかないが、「日本人の目を覚まさせる」といった啓発的なニュアンスを指していると考えられる。当時、先述したラジオ番組「眞相はかうだ」をはじめ、共産党系の雑誌「眞相」（眞相社）の隆盛などを通して、メディア界で「真相」は流行語となっていた[37]。「総合雑誌」としての『丸』に戦記が求められた一つの要員として、他の政財界の暴露記事と同じように「真相」に触れることの高揚感が一つの駆動因となっていた。

遺族にとっての戦記

ただし、戦記の読み方については、暴かれた「真相」に触れるだけでないものも存在した。一九四九年三月号に特別読物として掲載された「南雲とサイパン作戦」に対して、読者から以下のような投書が寄せられている。

三月号の「南雲とサイパン作戦」を読ませて戴きまして、遺族一同くわしい戦場の様子を知ることが出来、はじめて心の中の整理がついたような心地がいたしました。主人の性質や日頃の言動から推しまして、やはり玉と砕けたことを確信いたしております[38]

この読者は、戦記のなかで取り上げられた「サイパンの戦い」で夫を失ったという遺族である。先に紹介した抑留体験記と同様に、遺族にとっての戦記は、「くわしい戦場の様子」として肉親の最期を知るための数少ない手がかりであった。同時に、終戦からまだ四年しか経っておらず、肉親を失った悲しみが冷めないなかで、「心の中の整理」を付けるための拠り所であった。

さまざまな読み方が行われる戦記もののなかで、次第に「総合雑誌」としての趣旨に沿う読み方をする読者の声が登場するようになる。

「丸」は現在氾濫している雑誌の白眉だと思います。編集者の努力も多としますが、どこまでも真面目な読者の集まりであつて欲しいものです。七月号の「山本元帥の最期」は真に思い出深い、我々にとつて忘れてはならない記事でした。我々は母国再建に資する羅針盤を「丸」から見出したいと考えます[39]

ここには「母国再建に資する羅針盤」として、山本五十六の戦死の状況を紹介する戦記を読み込む読者の姿が浮かび上がる。こうしてナショナルな「戦争の記憶」としての戦記も、『丸』が掲げた「明日の知識と教養」の一つとして位置づけられていく。

「丸はすべてをふくむ」

ここまでは戦記関連記事に注目してみてきたが、もちろん当時の『丸』はそれ以外に多様な記事を備えた「総合雑誌」であった。ただ戦記関連の記事を中心に好評を得ていくなかで、『リーダーズ・ダイジェスト』とは異なる、独自の雑誌としての地位を獲得していった。

私は「丸」を毎号興味深く読んでいます。世界中の出来事、人物評、外国人の書いたものしか載つていない著名雑誌に比べて、遜色ありません。日本人としてはむしろ「丸」の内容の方が消化し易いのではないかと思います。[40]

「国際性」に象徴される『リーダーズ・ダイジェスト』に対して、『丸』には、「日本」の話題を扱うことが期待された。

こうしたなかで一九四九年一二月号より、新たな取り組みとして「丸の問い」の欄が設けられる。この欄について編集部は「終戦四年にして、なお混沌たる社会情勢の波に掉さして行くにはどうしたらよいであろうか、本誌は「日本の当面している最大の問題」について識者に問うてみた」と趣旨を述べているが[41]、特定のテーマを毎回一つ取り上げて、複数の論者からの応答を掲載したものである。

「丸の問い」初回（一九四九年一二月号）の「日本の当面している最大の問題」というテーマに対しては、ダイヤモンド社顧問・石山賢吉「失業の問題」や、文芸評論家・青野季吉「民主主義の日本化」、そして大宅壮一「アンパイアがない」などの回答が寄せられている。そのなかで、大宅は「一方で徳田球一、一方では児玉誉士夫、笹川良一等が最近「憂国の人々に訴う」というような本を盛んに書き始めた。元の建国会の赤尾敏などのポスターも見かける。同じ憂国や愛国が左右両翼で叫び出されたので、国民はどつちがどつちか戸迷いしている感じである」として、「国民」の視点から両極化する議論のあり方を批判的に論じている。[42]

続く一九五〇年一月号では、「皇太子の留学をどう考えますか」というテーマのもとで、芦田均「意見を慎む」、鶴見祐輔「時期尚早」、小泉信三「私見を控える」など大物論客の他に、ライバル誌であるはずの『リーダーズ・ダイジェスト』日本版編集長の鈴木文史朗も「一日も早く」という回答を寄せている。[43] 政財界の大物だけでなく翌二月号では、「進駐軍の印象」として、「戦災孤児」による「一宿一飯の恩義」や、「タツプダンサー」の「生活力が旺盛」など市井の人々の声も掲載されている。[44]

以降も「講和条約締結後あなたは誰を駐米大使に選びますか」（一九五〇年三月号）、「無人島に持つて行く本」（四月号）、「プラトンの性哲学」（五月号）と、政治問題のみならずさまざまなテーマが取り上げられた。

さらに一九五〇年七月号より「「丸」誌上ラウンドテーブル」へと改称された同欄では、映画をはじめとした文化・芸術に関するテーマが顕著となる。その一方で「大陸の脅威をどう見るか」[45]（一九五〇年九月号）や、「共産党はどうするか」[46]（一九五一年一二月号）などのように東西冷戦やレッドパージの問題も積極的に論じられていく。これらの企画の論客としては、鍋山貞親や佐野学ら戦時期に転向した元共産党の大物らの名も確認できる。

図 1-7　「大川周明とアジア連邦」（『丸』1952 年 1 月号）

そうしたなかで目を引くのは、講和条約の発効を控えるなかで企画された「大川周明とアジア連邦」（一九五二年一月号）である。大川は周知のとおり、戦時期に軍事クーデター事件に関与し、東京裁判では国家主義者としてA級戦犯に問われるも、法廷での振る舞いから精神鑑定を受け、免訴となっていた。「あらゆる点から、アジア民族の解放という目的のために、果してアジア連邦というものは結成されるか、その中心勢力となる国はどこか、その指導精神とは何か」という題のもとで、大川をはじめ、戦前に大川とともに政治結社・猶存社を結成していた北一輝の実弟である北昤吉、朝日新聞の論説委員だった土屋清、評論家の大宅壮一、元陸軍大将の眞崎甚三郎などが論客として名を連ねた。

大川は、以降「「丸」のラウンドテーブル」以外にも盛んに登場し、「アジアの再検討」（一九五二年四月号）を寄稿し、同号では山浦貫一、北昤吉、鍋山貞親、石川三四郎らによる「大川周明氏を論ず」も掲載された。さらに「刑務所人物談」[47]（一九五二年七月号）の寄稿のほか、「誌上ラウンドテーブル」の「米国勢力の限界点」（一九五二年一二月号）でも赤尾敏、橋本徹馬、北昤吉らとともに、講和条約が発効され日本が主権を回復するなかで、それまでのＧＨＱによる対日占領政策を批判した[48]。

以上のように当時の『丸』は、一方で共産党について取り上げたかと思えば、他方で公職追放者と同様に大川周明も盛んに誌面上に登場させている。ともすれば特定の政治的な思惑を読み込まれそうな誌面構成だが、編集部は自己弁護するかのような形であくまで「真相」を明らかにすることにあると強調する。

本誌は創刊以来わずか四年の間に、時には右翼と見られ、時には左翼とも見られたことがあるが、本誌を発行している目的はあらゆる事象の真相を発表することにある。

永い目で見ていただけば（ママ）、本誌が何ものにもとらわれていないことは、はつきり認めていただけることと思う。

私たちは今後もこの方針で進む。今までも、時の政府の方針に反するような記事を載せたこと一再ならずであるが、この編集方針を変えずに行く積りである。

といつて、私たちは徒らに醜をあばき陋を摘発して快哉を叫ぶ者ではない。あくまで建設的な明るい面をとりあげて行く[49]。

「何ものにもとらわれていない」とする党派性の否認は、この時期の編集後記で度々強調された。前号でも「雑誌の編集、特に「丸」のように内容的に新しい型の雑誌を編集していて絶えず心配になるのは、私たちが無意識のうちに何ものかに偏したり、誤つた見方をすることです」と、政治的な誌面構成にならぬよう自覚的であると述べている。[50]実際、上記の「丸の問い」が始まった時期に、「「丸」の雑誌展望」の欄も開設され、「最近の注目すべき雑誌記事」として、『改造』や『中央公論』、『文藝春秋』などの総合雑誌の評論が紹介されるようになる。[51]党派性から一歩引いて、メタな視点から「論壇」を見渡す媒体としての役割を担おうとするのであった。

同時期の一九四九年一二月号からは、〝丸はすべてをふくむ〟〝すべては丸より〟という言葉も裏表紙に表記されるようになる。こうした標語も『丸』が党派性を超えた存在であることを示すものとして解釈できる。だからこそ、党派性を否認する『丸』にとっては、左右両派を俯瞰できる大宅壮一のようなジャーナリストは親和的であり、「総合雑誌」の『丸』には、大宅の論稿が頻繁に掲載されたのである。

「アルコール」としての戦記

「総合雑誌」としての『丸』が強調した、「真相」を発表するための党派性の否認という態度は、戦記に「明日の教養」を読みこむことにもつながった。

> 本誌はいつも目の前の現象だけでなく、数年先きの問題も具体的に取り上げたいと心掛けています。戦記物の流行のはるか以前に「戦艦武蔵」を掲載したのは、当時放心状態に陥っていたわれわれに足元を見つめる一つのきつかけを与えようとしたためで、その頃「皇太子の外遊はどこにすべきか」を取り上げたのも、アメリカ文化万能主義をじつくりと考えてみたいと思つたからです。[52]

占領終結後の「戦記ブーム」のなかで、『丸』は「はるか以前に「戦艦武蔵」を掲載した」と自らの先見を自負している。と同時に、皇室関係の読物は「アメリカ文化万能主義」の相対化にあったと編集部は説いている。

こうしたなかで大川周明に続いて、『丸』の誌面上に大々的に登場したのは、辻政信であった。辻政信は、先の戦争ではノモンハン事件など複数の戦いで指揮を担った元陸軍大佐であるが、終戦後に戦犯容疑での追及を逃れるために各地に潜伏した。その潜伏の道中を綴った手記『潜行三千里』（毎日新聞社、一九五〇年）は、当時大きな反響を呼んでいた。

　そうしたなかで辻政信は、「米ソ戦わば」（一九五三年一月号）を寄稿する。編集部は「辻氏の第三次大戦観の総決算！　人類の文化滅亡の危機・第三次大戦必至という辻氏の「アメリカ必ずしも有利ならざる」根拠は奈辺にあるか。弱国日本はこれに対し、いかに処すべきか。辻氏畢生の痛論」と喧伝した[53]。その一方で編集部は、多くの犠牲を出した作戦を指導しながら、自らはその責任から逃れた辻を誌面の全面に据えることに対して、読者からの批判も想定していたようである。

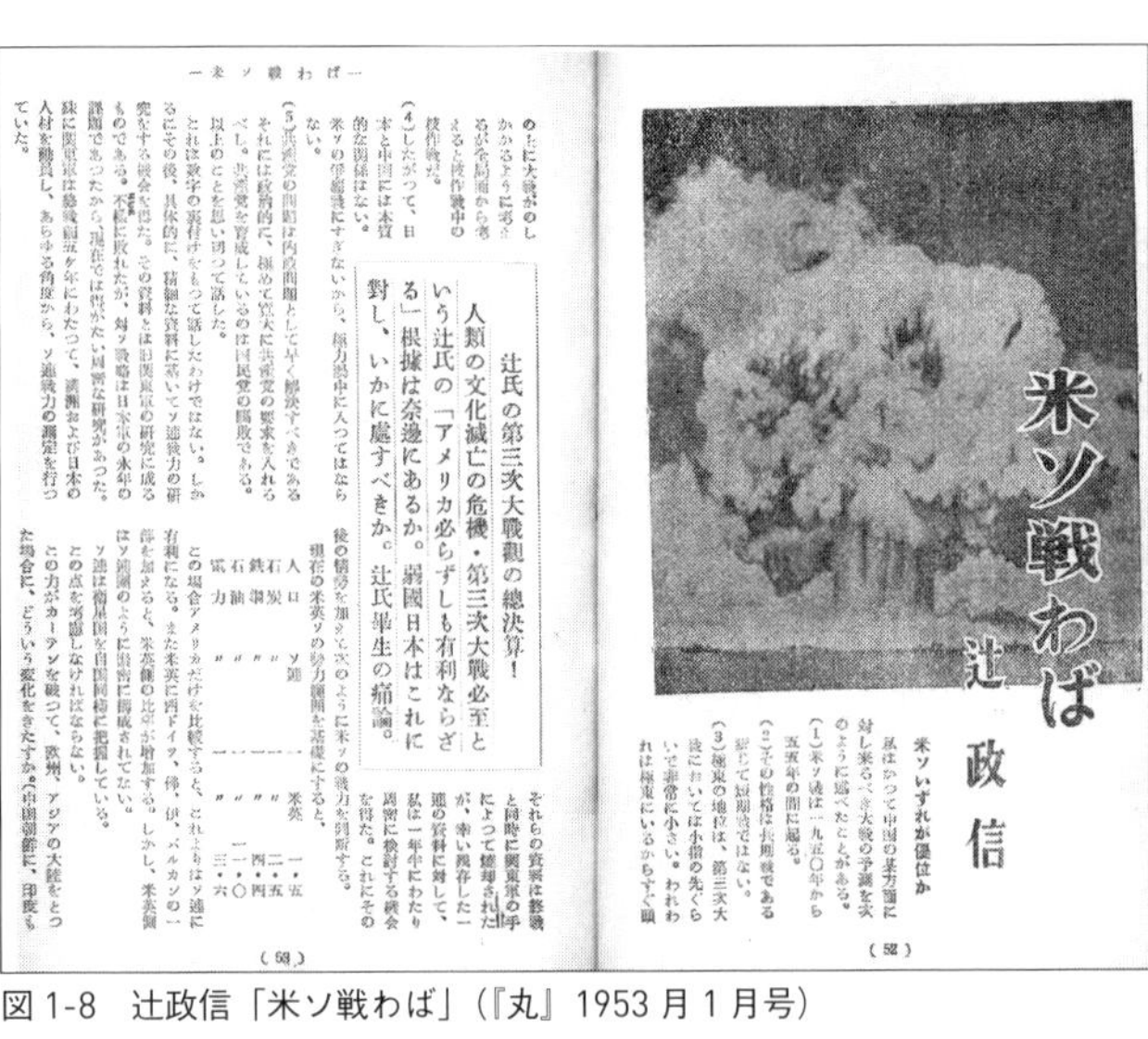

米ソ戦わば

辻　政信

米ソいずれが優位か

私はかつて中国の某方面に対し来るべき大戦の予測を次のように述べたことがある。

(1)米ソ戦は一九五〇年から五五年の間に起る。

(2)その性格は長期戦である。決して短期戦ではない。

(3)極東の地位は、第三次大戦においては小指の先ぐらいで非常に小さい。われわれは極東にいるからすぐ頭

(52)

―米ソ戦わば―

辻氏の第三次大戦觀の總決算！

人類の文化滅亡の危機・第三次大戦必至という辻氏の「アメリカ必らずしも有利ならざる」根據は奈邊にあるか。弱國日本はこれに對し、いかに處すべきか。辻氏畢生の痛論。

(53)

図1-8　辻政信「米ソ戦わば」（『丸』1953月1月号）

　辻政信氏の「米ソ戦わば」はしばしば問題を惹起した同氏の第三次大戦観の総決算ともいうべきもの。同氏の意見を是とする人にとつても、否とする人にとつても必読の文章でありましょう。[54]

　ここでも「意見」、すなわち党派性を問わずに読むことが推奨されている。

　注目すべきは、辻の寄稿に付記された大宅壮一による解説「辻政信という人物」である。同解説では、辻の『潜行三千里』をはじめ、人々が戦記ものに魅了される要因が同時代を生きる視点から分析されている。大宅は「戦後

従軍記者や復員軍人によって、戦記類が物凄く大量に生産されたのも、やはりそれだけの需要があつたからである」と戦記ブームの到来を述べ、「しかし、その中で後世まで残るものが、果してどれだけあるだろうか」という。[55] そのうえで、文学作品としての戦記の問題点、そして戦記ブームの社会性について次のように指摘している。

しかし彼等が職業的な作家として後へ残るためにはそれだけでは駄目で、例えば大岡（昇平―引用者）の「武蔵野夫人」のような作品を書かねばならない。総じて純文芸作家志望者の書いた戦記文学が大衆性を欠いているのに反し、旧職業軍人の書いた戦記物の中で、圧倒的な売行きを示しているのは辻政信のものである。「潜行三千里」「十五対一」をはじめ、彼のものは何でもベスト・セラーになるというから、それだけ確実に読者をつかんでいるわけだ。（中略）

彼の書く物には、いろいろと非難はあるが、まるで真田大助や猿飛佐助の講談を読むようにおもしろい。文章家が主に非難するのであろうが、文章家の指す文章が文章であるというのは間違つている。生活感情がよく出ていればそれでよいのだ。

軍人には軍人としての文章があり、実業家には実業家の文章があるはずである。

私小説を書いたものが僅か三千か四千部しか出ていないのに彼のは忽ち五万部を売切るという状態だ。罐でもプロのは美しいニスを塗っているくせに頑丈でない。彼のはそれよりもニスこそなけれガッチリしている。そういう点からいうと一種の独自の文章である。そしてテンポと迫力がある。エキセントリックが欠陥ではあるが、彼の迫力なるものはここから来ている。

彼のファンの大部分は、僕のいう類似インテリである。知識はあるが、思索できない人間たちである。簡単に興奮し易い。だから彼は一種のアルコールでもある。アルコールとして高級ではないが、簡単に酔える。古い日本へのあこがれとか、意気、感激したいそのチャンスをよく与える。ここに彼の文章の性格がある。[56]

大宅は、戦記ブームのなかで人々の関心を集めているのは、「大衆性を欠いた戦記文学」ではなく、辻のような「旧職業軍人の書いた戦記」であり、その要因は何よりも「生活感情がよく出ている」からであると分析している。さらに、そのような「大衆性」を持ち「生活感情」に溢れる戦記は、「簡単に酔える」ような「アルコール」でもあるとし、それらを通して「古い日本へのあこがれ」に酔う読者のことを「類似インテリ」と評する。

「一億総白痴化」などの大衆社会を表す造語で知られる大宅壮一は、「マスコミの王様」として一九五〇年代半ばより評論家として様々な媒体に登場した。阪本博志が指摘するように、戦時期にジャワ派遣軍宣伝班に徴用され、そこで日本軍の占領政策を批判したことにより軍部にマークされた体験から大宅は占領期以後、変動の時には国家や社会の動きを静観する「傍観者的知識人」として立場を採っていった。[57]『丸』における大宅の視点も、まさに旧軍人が綴った戦記に熱狂する大衆社会の動向に、距離を取りながらその要因を冷静に読み解くものであった。

「いずれにしても今の日本ではこういうものが争つて読まれるという事実に目を蔽つてはならない」[58]というのはその通りだとして、重要な点はこうした大宅による指摘が、『丸』そのもののあり方にも及んでいることだ。つまり、大宅の批判は、読者の期待に応えて「簡単に酔える」戦記を盛んに掲載し、「古い日本へのあこがれ」を「明日の教養」と正当化して提示する、そうした『丸』の問題点としても読むことができる。その意味で、党派性を超えて辻の存在と戦記ブームについて、大宅が俯瞰的に読み解いた結果、かえって「総合雑誌」としての『丸』の矛盾を内側から批判することとなったのである。とはいえ、その批判は間接的であったがゆえに、『丸』の編集部には正面から受け取られることはなかった。

拡大路線からの急転直下

一九五三年三月に『丸』は「創刊五周年」を迎え、記念号を刊行する。同号の巻頭では、聯合プレス社社長・芝東吾が「「丸」創刊五周年に際して」として、次のようにこれまでの経緯を振り返っている。

懐えば終戦時の混乱期に、編集スタッフ僅かに三名、B6判八〇ページの雑誌として、わが『丸』(マル)が出発したのは早や五年前のことになつた。その間、愛読者の皆さんから寄せられた御好意に対して、ここに厚く御礼を申上げる次第である。

元来、誌名には『丸』には円形という意味のほかに、完全という意義があり、従つて私たちは、『丸』はすべてを含む、という標語により、日本の全家庭の人々に読まれる、興味ある、楽しい総合雑誌を目指して、変転きわまりない、この戦後の五年間を努力して来た。

幸いにこの編集が認められ、異色ある企画と、早くて正確な記事によつて逸早くジャーナリズムから認められたばかりか、老若男女を問わず広く愛読されるに至つたのは、大きな欣びであるが、更に、明るく、楽しい、知識と教養の家庭雑誌として、津々浦々まで、よろこび読まれるよう、全社を挙げ一段と精進することを誓う。(59)

創刊時は判然としなかった誌名の意味が、創刊五周年を経て社長の口からも「丸はすべてを含む」と言明されるようになる。すなわち、『丸』という誌名に込められた意味は、当初から明確に存在したものではなく、刊行を重ねるなかで見出されたものといえるだろう。

その後も「知識と教養の家庭雑誌」として一九五四年まで刊行されていくが、さらに一九五五年に入ると規模の拡大を図ろうとしていく。読者からの要望により、月刊から月二回へと刊行ペースを上げようと試みたのである。一九五五年三月号の編集後記では、誌面のリニューアルについて以下のように述べられている。

昨年の愛読者からの投書を整理してみますと、頁を減らしてもよいから安くして月二回発行にしたらどうかという御意見が圧倒的でした。本社は愛読者の御要望に沿うべく、長い間研究をつづけてきましたが、ここに満八週年（ママ）を記念して、「丸」は御覧の通り新しく生れ変わりました。このスマートさにみがきをかけて、別冊、増刊の発行をも企画しております。今のところ、二月の末に第一回の増刊を考えておりますが、絶対に他の追従を許さない本誌独特の味を育てて行こうと努力しています。[60]

月二回発行を試みようとした背景には、当時勃興し始めた『週刊新潮』などの出版社系週刊誌の存在も関わっていたと考えられる。出版界では一九五〇年代中頃から相次ぐ週刊誌の創刊による「週刊誌ブーム」に注目が集まっていた。テレビやスポーツ新聞などの即時的な余暇メディアの登場・普及に伴って、出版社の側でもそれらの「新しいメディア」に対抗する媒体として週刊誌に大きな期待が寄せられていた。『丸』にとっても同じような時事的な話題の解説や読物を、速報で掲載する週刊誌の存在は脅威になったはずである。かねてより読者欄では、次の声が寄せられていた。

一筆、最近の「丸」について批評してみることにした。正直にいつて、少々失望しているからだ。毎月終りのページにある読者層の一方的なお世辞めいた言葉の連続は、我々の如きものにとつては苦痛の他の何ものでもない。リーダイについてこれを非難される人々があるようだが（つまりリーダイはつまらんから「丸」にかわつたという人）「丸」も結局ダイジエスト記事が多いではないか。一方は主として外国記事の話題が中心だから、我々の身近かな問題とかけはなれていて面白くないというのだろう。「丸」がそこを狙つて日本ダイジエスト方式を押し進めているのならそれまでのことだが、週刊誌を追いかけていては手遅れになる。話題はやはり新鮮なうちに取上げてほしい。いやしくも総合雑誌というからにはもつともつと自分から問題をとりあげて、読者を啓発するような方向へ努力しなければ駄目じゃないですか。[61]

『リーダーズ・ダイジェスト』や週刊誌と比較したうえで、「話題は新鮮なうちに取上げてほしい」と読者からは要望されている。

だがその後、一九五五年五月号で月二回発行について「準備を重ねているが技術的な面で遅れています」と伝えられたのを最後に続報がないまま、[62]突如一九五五年九月号が休刊となる。そして翌一〇月号より聯合プレス社から聯合出版社へと出版元を変える。

この急転直下の出版社変更の経緯については、資料的な制約もあり、不明瞭な部分も多いが、当時の誌面と塩澤実信による出版研究とを照らし合わせると、どうやら聯合プレス社の社長・芝東吾が身売りを行ったようである。[63]そして残された編集部の記者たちによって、新たに「聯合出版社」として刊行が継続された。当時の編集部には、小説家の牧屋善三や作詞家となる藤間哲郎、そして政治学者丸山眞男の弟・丸山邦男が在籍していた。[64]

しかし、編集部の記者たちだけでの刊行には限界があり、鱒書房と譲渡契約を結ぶこととなった。[65]鱒書房の社長・増永善吉の弟である増永嘉之助が、一九五六年三月に潮書房を設立し、『丸』の刊行を引き継いだ。[66]潮書房発行となった『丸』一九五六年四月号より「戦記特集雑誌」として、判型もB6からA5サイズに改められた。[67]これ以降、戦記を専門とする今日の『丸』の姿となったのである。

占領期から一九五〇年代中頃までのダイジェスト誌としての『丸』は、現在の戦記雑誌としての『丸』とは大きく異なるものであった。

ダイジェスト誌としての『丸』を子細に見ていくなかで明らかとなったのは、「戦争の記憶」を綴った戦記に「明日の教養」としての意味が見出されていく状況であった。当時の『丸』に掲載された戦争体験や抑留体験を記した手記は、占領期の社会のなかで複数の読み方がなされるものであった。

戦記は終戦後間もない状況のなかで、戦争で失った肉親の「最期」や、あるいはロシアに抑留された肉親の「現在」を知るための手がかりとして、切実な意味を持つ読物であった。その一方で、戦時期に隠された「真相」を読む高揚感を提供する向きもあった。

このように戦記に両義的な読み方がなされるなかで、「戦争の記憶」には、「近代人のトピックス誌」を名乗る『丸』が提示しようとする「明日の教養」としての意味を内包するものとして見出されていった。[68]ただし、占領期の『丸』における「明日の教養」は、公職追放の身にあった政財界の論客らによって提示されたものであった点は留意が必要である。

『眞相はかうだ』の出版社から創刊されたダイジェスト誌は、出版界の布置関係のなかで、次第に公職追放者にとっての「アジール」ともなっていった。それは、占領政策が生んだ鬼子といえる存在であった。「三号雑誌」と呼ばれるように、敗戦後のこの時期に創刊された新興雑誌の多くが、三号にいたるまでに休刊や廃刊を迎えた。それに対して、占領政策の鬼子としての性格を持つ『丸』が八年間に及んで刊行が続いたことは注目に値する。

『リーダーズ・ダイジェスト』の手法を模したダイジェスト誌として出発した『丸』は、既存の硬派な総合誌との対比を、短いダイジェスト記事を複数掲載する形式面だけでなく、党派性の否認として内容面でも強調していくことになる。こうしたなかで『丸』という誌名にも、議論を見渡す含意が込められるようになる。ダイジェスト誌時代の晩年に編集部に加わった高城肇は、『丸』という誌名の由来を以下のように回想する。

「丸」とは何を意味するのか。「日の丸」の「丸」か、弾丸の「丸」か、それとも船名の「丸」か等といわれたものだが、そうではなく英語の「Ｒｏｕｎｄ」と同じ意味だったのである。なぜラウンドなのか。そこには創刊以来のスタッフの思いが隠されているのだ。

山は山を見ることができず、森は森を知らない。森羅万象すべては、一方から見ただけでは、真実の姿——ありようを、正しく理解したとは言えない。一つの山の登山ルートが幾つもあるように、一つの事柄は出来る限り多くの方向から見る必要がある。多くの方向から、とは、つまり一つの事柄を、ぐるりと円形の方向から見ることである。これなら、一方に偏することもなく、事柄を正確に把握できる。(69)

あくまで回想であり、実際には本章で見てきたように創刊当初は誌名の意味が明瞭ではなかった。だが、占領期から占領終結後にかけてＧＨＱの占領政策への批判的な視座を強調するなかで、『丸』には前述のような「議論を見渡す」という意味が込められるようになったと考えられる。とはいえ、ダイジェスト誌時代に形成されていった「議論を見渡す」という視座は、戦記雑誌に誌名構成を一転させた後も一定受け継がれていくことになる。

第二章　戦記雑誌への転身――一九五〇年代後半

遺族のための「戦記特集誌」

「近代人のトピックス誌」として創刊された雑誌『丸』は、一九五六年四月号より勇壮な戦記を並べた「戦記特集誌」へと編集方針を一転させた。

「戦記特集第一号」と銘打たれた一九五六年四月号では、特集「玉砕部隊・生き残り戦記」と題し、沖縄根拠地隊司令部元海軍兵曹長・新山重満「幹部自決し友軍四散す」や海軍警備隊銀明水砲台長・大野利彦「単身敵陣へ殴り込む」、「生き残り撃墜王」として坂井三郎「ラバウル海軍航空隊」などの戦記が誌面に並んでいる。ガダルカナル正面作戦・海軍最高指揮官の草鹿任一やミッドウェー作戦大本営海軍作戦部長の福留繁らによる座談会「太平洋三大天王山の真相」も掲載された。

前号の一九五六年三月号では力道山や石川達三などの人物評を取り上げた「現代ブーム豪列伝」を特集するなど、直前の号までは一般総合誌だったことを踏まえると、この四月号からの戦記特集誌化はまさに急転回である。

『丸』編集部は、こうした誌面構成の方向転換について以下のように述べている。

図 2-1　『丸』1956 年 4 月号

今月号から「丸」は一大飛躍をとげた。判型もＢ６からＡ５に変り、内容も特集雑誌になつた。それは、永い期間いろいろと研究し調査した結果、時期々に読者の皆様が、最も知りたい事柄を、最も克明に認識していただくためには、この方法が最も適切だと考えたからである。いたずらに時流に流されることなく、皆様の声をそのまま誌面に反影させて行きたいと思う。(1)

前章で詳述したように、それまでの『丸』は、ポケットサイズのＢ６判で、手軽に読むことのできる解説記事中心のダイジェスト形式の雑誌であった。週刊誌ブームの中でさまざまな形態を模索し、出版社も変わり、紆余曲折を経ての「特集雑誌」化であった。この段階ではまだ戦記以外を特集する可能性も示唆されているが、「特集雑誌」化にあたってなぜ戦記を取り上げたのか。

四月号は御覧のように戦記特集とした。戦争を謳歌するのでもなく、再軍備問題をウ呑みにしているわけでもなく、日本の国力を挙げて戦つた、あの第二次世界大戦において、あたら若い生命を、陸に海に、そして空に、雄々しく落していつた若人たちの真剣さと純粋さを、戦後十年の今日、ふたたび改めてみつめ直すことは決して意味のないことではないと確信したからである。

日本は確かに敗れた。しかし我々の父や子や、兄や弟はよく戦いよく勝ち、そして敗れたのだ。いま我々はここに特集されたあの戦争の秘められた一つ一つの真相をひもといて、明日からの生活の貴重な心の糧にしよう。(2)

当時の『丸』における戦記は、「我々の父や子や、兄や弟」といった肉親が戦った戦争の記録として位置づけられた。その意味で『丸』が掲げた「戦記特集誌」とは、遺族を読者として想定した雑誌だったといえよう。実際、読者自身の戦争体験を募る「私の戦闘記録」や、「旧軍在隊者で、戦友の消息等のお尋ね、あるいは戦友同士の文通など」を企図した「読者交換室」などの欄が設けられている。[3]さらには、これら読者企画の発展形として、この一九五八年一一月号より「戦友の最後を知らないか」の欄が新設される。「大東亜戦争戦没者御遺族の方へ」と強調された案内文において当時の編集部は、その設置目的を以下のように説いている。[4]

いかに戦争とはいえ、肉親たちの戦死の状況も知るよしもなく、しかも一片の通知書だけで、かけがえのない父や夫や子たちの戦死を知らされた御遺族の悲しみに思いをいたすとき、われわれは本当にこれでいいのかと、大きな憤りを感じずにはいられません。

でき得ることならば、とうじのいまだ知られざる戦闘状況を知つておられるかつての戦友によつて、その状況を明らかにしてほしいものと思います。

つきましては、大東亜戦争の各作戦地域において御父君、御兄弟、御夫君、御子息等の肉親をうしなわれました御遺族は、左記要領にもとずいて、資料をお送り下さい。

このたび本誌では、御提供による資料によって、ひろく誌上から読者諸兄に呼びかけ、戦死されたあなたの肉親ととうじ同じ戦場に奮闘しておられた戦友各位からの詳報を各方面に求めて、御遺族各位の期待にこたえたく考えるのであります。ふるつてこの欄を御活用いただければ幸いです。[5]

『丸』は肉親を失った遺族の期待に添って、戦死者と同じ戦場にいた体験者から情報を募っていた。他にも当時の誌面では「潜水艦関係者慰霊祭」などの連絡や案内などもみられ、戦死者についての情報交換のみならず、遺族や元兵士たちの交流の場を生み出すような役割も担おうとしていた。[6]このように『丸』の編集部がメインターゲット

この戦友の最後を知らないか

鈴鹿良文大尉
昆明方面

わが子を憶う
母 鈴鹿ヤサ

故 鈴鹿良文大尉

水上三次少尉
マニラ方面

（291） この戦友の最後を知らないか

（290）

図 2-2 「戦友の最後を知らないか」（『丸』1958 年 11 月号）

としていたのは、遺族や元兵士であった。では、当時の『丸』ではどのような「戦記」が読まれていたのだろうか。

勇壮な空戦記

遺族や元兵士を対象とした「戦記特集雑誌」のなかで、人気を博したのが特攻を含む空戦記である。「戦記特集第一号」の特集は先述したように「玉砕・生き残り戦記」だったものの、翌号一九五六年四月号の特集は「航空決戦と特攻隊」が企画された。誌面には「神風におののく米艦隊」の扉写真や、「米軍をおびえさせた神風特攻はいかに奮戦しいかに全滅したか」を記した元海軍中将・福留繁「神風特攻隊顛末記」などが並んでいる。

以降も「航空決戦と特攻隊」（五月号）、「日本陸海軍空戦史」（八月号）、「陸鷲空戦記」（九月号）、「空戦の華・陸海少年航空兵」（一〇月号）、「戦史に燦たり神風特攻隊」（一二月号）というように、空戦記を主題とした特集が相次いで組まれた。当時の読者からも「『丸』はいずれも神風か回天もしくは連合艦隊の奮戦に相場が決っている(7)」、「毎号空戦特に特攻隊ものが多い(8)」と苦言を呈されるほどであった。

とりわけ読者からの圧倒的な支持を得たのは、海軍航空部隊のパイロットとして著名な坂井三郎の空戦記であった。坂井はすでに一九五三年に日本出版協同社より、一九一六年に佐賀県で生まれ育った生い立ちから、零戦を駆使した太平洋戦争時の活躍、終戦までを語った『坂井三郎空戦記』を刊行していた。同書は、高橋三郎が指摘するように「九州の農家に生まれ、海軍に入隊し、努力に努力を重ねて海軍のエースパイロットの一人になっていく」、その「サクセスストーリー」は「戦記もの」として出版界で大きな注目を集めていた[9]。『丸』においても、人気記事を読者からの投票で決定する第一回「丸読者賞」では、坂井が寄稿した「撃墜王」（特集第五集）と「大空の決戦」（一九五七年二月号）が一位二位を独占した[10]。

当時の『丸』における空戦記の特徴は、空戦や特攻が勇壮な物語として語られた点にある。坂井三郎の空戦記の他に当時、掲載されていた代表的なものとしては、一九五七年一二月号より連載された元台湾航空隊先任参謀・海軍大佐の安延多計夫による「神風特別攻撃隊かく戦えり」が挙げられる。特攻を主題とした同連載は、右記の「丸読者賞」でも、五位に入賞するなど、坂井の空戦記と並んで読者からの支持を得ている。

筆者の安延によると、同連載は「祖国のために散華された英霊に対しいささかの供養」、「また遺族の方々をお慰め」することを意図したものであった[11]。そのため、特攻隊員の「殉国至誠」や「勇壮な散華」が強調されるとともに、特攻観音堂が紹介されるなど「慰霊」としての文脈で、特攻が語られていた[12]。実際に安延自身が特攻作戦にどれだけ関わったのかは記述されていないが、「元台湾航空隊先任参謀・海軍大佐」であった安延にとって、特攻を「散華」の物語として描き、「戦果」を強調することは、「英霊」に対しての「供養」とその遺族に対する「慰め」を意味していた。つまり、「散華」として戦死者の「死」を意味づける勇壮な物語は、遺族への「慰め」のために用意されたものであった。

図2-3 『丸』1956年5月号

遺族である読者の側も戦死者を回顧するため、勇壮な空戦記に拠り所を求めた。実際、読者欄でも夫を亡くした遺族（三六歳）からの次のような投書がみられる。

1956年 4月号	玉砕部隊・生き残り戦記
5月号	航空決戦と特攻隊
6月号	アメリカ側から見た太平洋戦争の実相
7月号	数字から見た太平洋戦史　10対1戦記
8月号	日本陸海軍空戦史
9月号	陸鷲空戦記
10月号	空戦の華・陸海少年航空兵
11月号	日米英蘭艦隊血戦記
12月号	戦史に燦たり神風特攻隊
1957年 1月号	軍艦戦記　戦艦空母重巡駆逐艦潜水艦
2月号	航空戦記傑作集
3月号	日本海・空軍勝利の記録

表2-1 「戦記特集誌」後の『丸』特集企画（1956年4月-1957年3月）

何かを探し求めるような心で手にいたしました。いずれも諸先生方の御熱意あふるる記事に感激致しながら拝読させていただきました。このようにも激しかった歴史の一コマの中に苦い日を過ごして参った私たちには、到底忘れることのできない、生々しい心の記憶でございます。ご執筆に当られた先生方の当時のご様子や、また大空を飛び立ち、再びは還らなかった勇士の思いをはせ読ませていただきました。私もまた夫をソロモンの空に失ったものでございます。もうあれから十四年、すべてが夢のようです。涙の谷も幾度か越えて、いまようやく心の平静を取戻した気持です。それでも、何とかして戦死の様子だけは知りたいと願っておりました。全国の読者の中には、きっと私と同じ思いで戦記を読まれている方も多かろうと存じます。—ルンガ沖航空戦の様子がくわしく知りとうございます。何とぞお願い致します。[13]

遺族たちは「戦死の様子」を求めて戦記にすがったのである。遺族にとって戦死者を回想するには、勇壮な空戦記に「思い」を馳せるしかない。とりわけ特攻隊員の遺族にとって、特攻は「犬死」にではなく「散華」と解釈することでしかやりきれなかった。つまり、遺族である読者の追悼・慰霊の念が、「殉国至誠」や「散華」としての戦死観を用意し

順位	記事名	著者名	得票数
1	撃墜王	坂井三郎	2,332
2	大空の決戦	坂井三郎	1,518
3	鉄血マレー戦車隊	島田豊作	1,353
4	われ米本土を砲撃せり	原源次	1,199
5	神風特別攻撃隊かく戦えり	安延多計夫	1,100
6	われ真珠湾上空にあり	淵田美津雄	1,078
7	急降下爆撃隊	山川新作	836
8	海軍兵学校	田中常治	792
9	回天特攻作戦の全貌	鳥巣建之助・折田善次	638
10	予科練（訓練と戦闘）	棚田次雄	506

表 2-2 「第一回丸読者賞」（『丸』1958 年 7 月号より）

たのであった。実際、以下のような特攻隊員の遺族からの投書もみられる。

私の兄は昭和二十年四月七日南西諸島にて特攻隊として国安昇隊長のもと、散華した予備学生谷川隆夫（明大卒）です。御誌において是非、その出撃前後の様子を知っている人からの手記を手配して頂けないものでしょうか。「丸」に対する私どもの気持は、亡き兄たちを思う気持と同じです。(14)

このように「勇敢に散華した」特攻隊員の「殉国の偉業」として特攻が語られていた背景には、『丸』が遺族に向けた戦記雑誌としての性格が作動していた。換言すれば、肉親を失った読者の体験の重さゆえに、勇壮な物語が求められていた。こうして『丸』において、遺族や元兵士による追悼や慰霊の念と、勇壮な空戦記としての戦争の語りは接続しえたのであった。

ただし、必ずしも勇壮な空戦記一色に染まっていたわけでもない。一九五七年五月に刊行された臨時増刊号「六大長編激戦史　最後の一兵まで」では、壮絶な地上戦を扱った戦記として、元南海支隊大隊長・陸軍少佐・小岩井光夫「ニューギニア戦記」や元南方派遣陸軍報道班員・森川賢司「ガダルカナル島血戦記」と並んで、高木俊朗「インパール戦

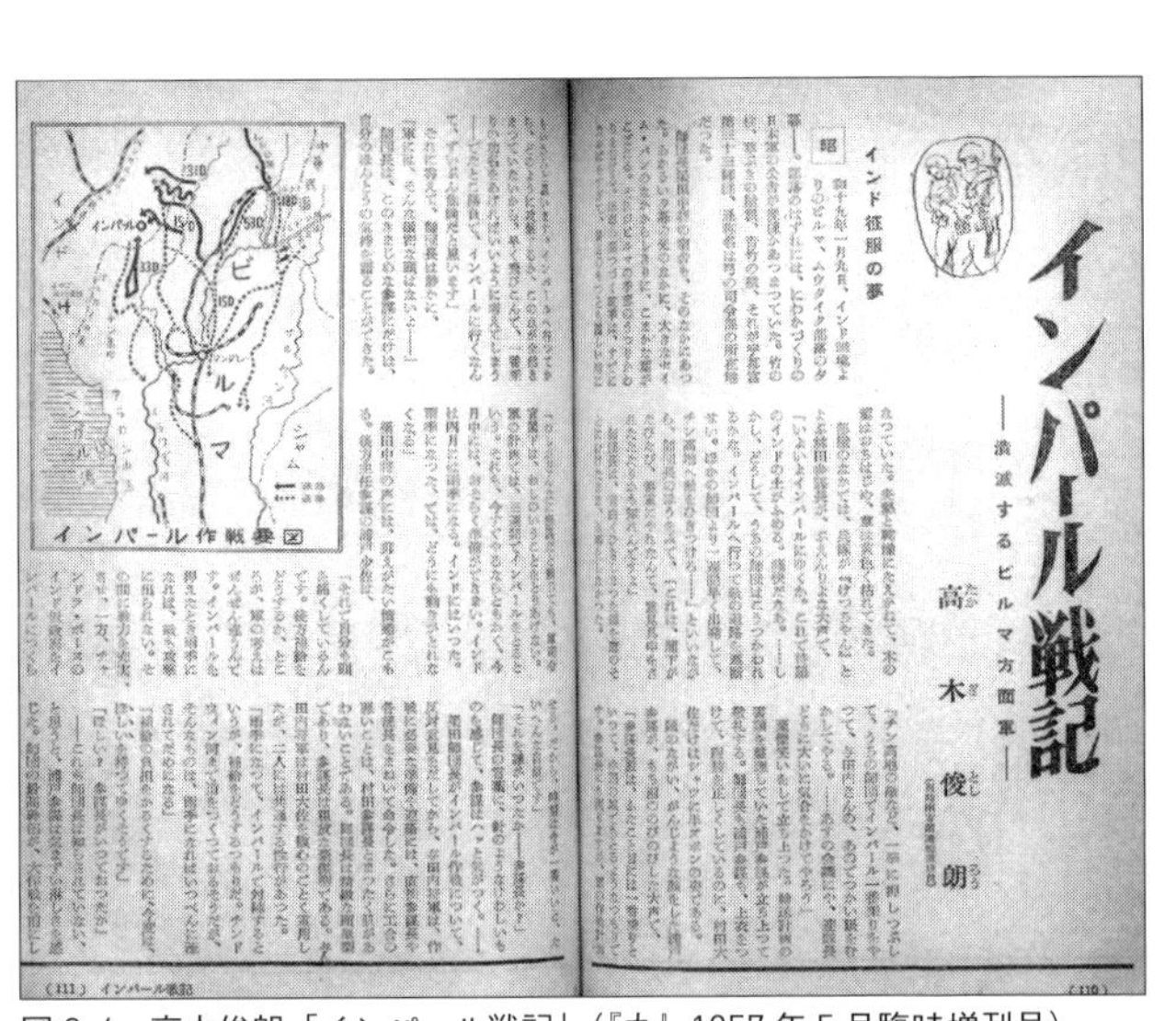

図 2-4　高木俊朗「インパール戦記」（『丸』1957 年 5 月臨時増刊号）

記」も掲載されている。戦時期に陸軍航空本部の記録映画製作班員として、ビルマ戦線や知覧航空基地など各地を取材し、兵士たちが死に追いやられていく姿を目の当たりにした高木は、戦後「美化される戦争にその実相を突きつける作品」を発表していった。[15] 当時すでに『インパール』（雄鶏社、一九四九年）を刊行しており、『丸』においても、高木はビルマ戦線において飢えとマラリアに苦しむ凄惨な現場の状況や、軍旗に固執するあまりに「兵隊の生命を犠牲」にする陸軍の理不尽さを描くなど、[16] それは勇壮な空戦記とは対極的な戦記であった。とはいえ、先に紹介した「丸読者賞」を受賞した記事からもわかるように、全体としては勇壮な空戦記が読者からは好まれる傾向にあった。

「初心」としての日本敗戦

潮書房という出版社に注目すれば、なぜ『丸』がこうした華々しい空戦記を中心とした戦記雑誌になったのかもみえてくる。前章でも紹介したように、一九五六年に『丸』は聯合出版社より鱒書房に譲渡され、鱒書房社長・増永善吉の弟である増永嘉之助が創業した潮書房によって刊行されることになった。

一九三九年に創業された鱒書房は、戦時期に広瀬彦太『郡司大尉』（一九三九年）や草葉栄『ノロ高地』（一九四一年）などの戦記関連のノンフィクションを刊行していた。とりわけ敗戦直後に刊行された森正蔵『旋風二十年 解禁昭和裏面史』(一九四五年)は先の戦争の経過を記すなどして注目を集め、初版一〇万部を一週間で売り切るなど、同社は戦後初のベストセラーを生み出していた。[17]

鱒書房は、占領終結後にも服部卓四郎『大東亜戦史』(一九五三年)を刊行している。著者の服部は大戦時に陸軍参謀本部の作戦課長として太平洋戦争を指揮した立場にあり、全四巻にわたる同書は「戦後初めての本格的戦史として、当時の公刊戦史に匹敵するものであった」とも評されている。[18] もちろん今日の視点から見れば、吉田裕が「作戦指導・戦争指導という限定された狭い視角からみた戦争史の叙述に終始している」と指摘するように、同書が軍上層部の視点に基づいた「強いバイアス」をもった作品であることには留意すべきであろう。[19] さらには、坂井三郎『大空の決戦』(一九五五年)をはじめ、一九五五年から一九五六年のうちに二〇作以上の「戦記シリーズ」と評した戦記関連作品を鱒書房は扱っていた。[20] 鱒書房は戦記関連の作品以外にも、ダイジェスト誌時代の『丸』にもしばしば登場していた大宅壮一による『無思想人宣言』(一九五六年)なども刊行している。

戦争関連のノンフィクション作品を数多く手掛けていた鱒書房に買い取られ、『丸』は戦記雑誌へと転換していったのである。

図 2-5　高城肇(『丸』2010 年 7 月号)

具体的に『丸』の戦記雑誌化を主導したのは、当時『丸』の編集部にいた高城肇である。高城は、明治学院大学文学部英文科を一九四九年に卒業し、翻訳に関わる仕事を行っていたが、一九五五年八月に当時編集部にいた牧屋善三からの紹介を受け、総合雑誌時代の『丸』の編集に携わるようになる。[21] さらに一九五九年六月に増永嘉之助が社長を退任すると、高城は自ら代表取締役に就任し、潮書房は本格的に戦記雑誌出版社へと転身していった。[22]

以後、二〇一〇年に没するまで潮書房の主幹として『丸』の刊行を手掛けた高城だが、なぜ戦記特集誌へと大きく舵を切る決断をしたのか。後年、坂井三郎との対談企画のなかで、高城は戦記雑誌化の意図を次のように示唆している。

たとえば、太平洋戦争敗戦後の日本には、知識も、ロマンも、事物に対する意識も判断も、すべて要領よく簡略に、長いものもなるべく短くつめて、質よりも量を多く、いかに早く頭の中へ詰めこむかが重視され、それがなんとなく新鮮で、アメリカ的で、それ以外の物の見かた、とらえかた、かんがえかたは、すべて古色蒼然と見えた。つまり、これがダイジェスト文化、というやつで、たしかにこれは、軍国政治下で、抑圧されつづけてきた日本人にとっては、魅力的で、解放的なインテリジェンスであった。それは、いうならば、数学でいう〝面〟を〝点〟にかえて表現するありかたで、この方式でいけば、かなりの数の、点で表現された面が、短期間のうちに吸収できるはずであり、じっさいにもそれらは吸収されるにはされたんですが、あくまでも形だけのもの、みせかけだけのもの、あらすじだけのものであっただけに、当然の帰結として、それらは精神の荒廃を産む一つの要因となり、同時にまた、そこからさらにいくつかのプロセスをへて消費型の文明というものを派生させていく。その欠陥に、われわれは気づかない。いや、たとえ気づいたとしても、すでにバケモノ化し、複雑にからみあいつつマンモス化して、発育成長してしまったそれは、もはや抑制の方法がない。そこで反省が生まれ、反米的なもの、面を点でとらえるような文化に反撥するもの、が抬頭してくる。もちろん、これがすべてだとはいいません。しかし、だいじな一面であることは明らかです。(23)

高城は敗戦後にみられた「ダイジェスト文化」について、「アメリカ的で解放的なインテリジェンス」にみえた半面、「精神の荒廃」や「消費型の文明」につながったと批判する。同時にそれは、まさに「ダイジェスト」形式を採用してきたこれまでの『丸』の否定でもあった。「精神の荒廃」に「反発」するために、ダイジェスト誌からの転換が図られたのである。だとしたら「反省」としてなぜ戦記が選び取られたのか。高城は後年、次のようにも述べている。

私は、日本敗戦の日を、いわば初心と考えて今日まで生きてきた。それが、あの戦争で死んだ人達へのせめてもの償いであり、未来への責任であると考えてきたんです。だからこそ、ばかの一つおぼえのように、戦争の雑誌をずうっと出版しつづけてきたんです。ところが、いまやその初心が、残念なことに、日本人の心の中から消えかかっているんです。どうしてそういうことになったかというとですね。われわれの多くが、やれ繁栄だとか、GNP世界第何位だとかという宣伝やら統計とやらに気を奪われて、ぼんやりしていたからだ、という責任は免れないと思うんですよ。つまり、豊かさというものとひきかえに、われわれはいつのまにか、屈辱のあの夏の初心を売りわたしてしまっていた、ということになるんじゃないでしょうか。[24]

日本が占領終結後、高度成長に向かっていくなかで、高城は日本が敗戦した「屈辱のあの夏の初心を売りわたしてしまった」と述べる。その「初心」を取り戻すべく、高城は『丸』において「戦記」を主題に据えたのであった。

屈辱と負い目、みじめさが絡まり合った敗戦体験

一九二八年に千葉県の「軍都」に生まれた高城は、「軍都」の具体名は触れていないが、「私は、軍都であったこの町の片隅で少年時代を送りながら、町の消長とともにあった軍国昭和の一時期を垣間見てきたような気がしてならない」と綴っている。[25] 中学三年生のときに太平洋戦争がはじまり、一九四五年八月一五日の玉音放送を「生家に近い海岸べりの軍需工場で迎えた」という。[26] そのときの状況を次のように回想している。

昭和二十年八月十五日正午、ぎらぎらと照りつける太陽の下で、私は動員先の工場の同僚たちと一緒に、天皇のラジオ放送を聞いた。もちろん敗戦のどさくさのときでもあり、ラジオ技術の極度に発達したいまとちがって、なま放送などではなく、資材、技術のわるい録音盤から流れ出るその人の声であったわけだが、そんな裏の事情の知りようはずもなく、独得（ママ）の抑揚のある、なにかたよりなげなその声を聞いているうちに、私はとつぜん、深い、いきどおりと失望の念にとらえられた。

この人たちのために、おれたちは生命を捧げた！　それなのに、この人は、それにふさわしい凛凛しさのかけらも持っていない！　なぜ、なぜ、なぜなんだ！　そんなことがあっていいのか。このたよりなげな声の主が国家そのものであり、この人がおれたちにとって「至上の人」であったとは！

裏切られたようなむなしさが、かわいた砂をひたす水のように、じわじわと心の中にひろがっていた。たったいまのいままで、不安の中にいながらも疑いもなく信じきっていた権威の壁が、私自身の内部において、ほんとうに音をたてて、ガラガラとくずれ落ちていた。[27]

もちろんここで綴られている玉音放送の記憶は、後年公開された様々な資料や証言の影響を受けている面もあろう。[28]だが、玉音放送を通して天皇の肉声をはじめて聴くなかで、高城は「国家そのもの」であった「至上の人」への「いきどおりと失望の念」を抱いたという。「戦争ってぼくらにとって、けっきょく、なんだったんだろうね」という思いが、「私の内部をかけめぐっていた」とも綴っている。[29]

ボロボロと新しい涙が出てきた。予科練にはいり、少年航空兵に志願していった多くの学友たちの顔、顔、顔が、走馬燈のように、浮かんでは消え、浮かんでは消えていく。みんな、帰って来い！　戦争は終わったんだ！　私は、そのとき、はじめてそう思った。

喜びなんかなかった。死んだ仲間にすまないと思った。ただそれだけだった。[30]

同世代にも戦場へ行き死んでいった「学友」がいるなかで、「それなのに私は、どういうわけか兵隊にいかず」と述べる高城は[31]、戦場への出征経験を持たないことへの負い目を感じていた。高城の「死んだ仲間にすまない」という思いは、こうした負い目によって一層深められることとなった。

高城が抱いた日本敗戦による屈辱や負い目は、GHQに占領される敗戦国のなかでより一層深まっていった。敗戦後、高城は翻訳の仕事で生計を立てていたが、焼跡の混乱状況の記憶を次のように語っている。

私事にわたって非常に恐縮なんですが、戦後いつごろからか、私の食事量が、ふつうのひとの三十パーセントぐらいにへってしまった。それにはいろいろな事情があると思うのですが、たとえば敗戦直後の極度な飢餓状況のなかで、食欲をもつということが、性欲をもつこと以上に自己嫌悪をもよおすような記憶のプロセスがあったり、ある夜などは、神田駅周辺の闇市で、友人といっしょに屋台の雑炊屋にはいり、どうやら三分の二も食いおわって、どんぶりの底をなにげなくつついていたところ、底のほうから、赤いチェリーの実が、ふわっ、と浮き上がってきて、一瞬、ぎょっとしていると、友人もそれを見つけたらしく、いかにもかなしそうな目をして、私を見ている。

その目と目で、すぐにわかったんですね。その雑炊は進駐軍の残飯でつくられているんだってね。私たちは、屋台をとびだして、暗闇で、ゲーゲーとやったんですが、そのときのみじめさと恥辱が、いまも消えていないし、皮肉にも、御馳走を前にしているときなど、胃袋の奥に、あのときの嘔吐感が、よみがえってきたりする。[32]

闇市で進駐軍の残飯を食べざるをなかった占領期は、高城にとって「みじめさと恥辱」に満ちたものであった。

高城が、進駐軍によってもたられた「解放的なインテリジェンス」としての「ダイジェスト文化」に対して「精神の荒廃」と否定的であるのも、占領期の極度な飢餓状態での「自己嫌悪」と「嘔吐感」に苛まれていたからこそであった。

「ばかの一つおぼえのように、戦争の雑誌をずうっと出版しつづけてきたんです」と先の引用でも語られていたように、屈辱と負い目、みじめさが絡まり合った敗戦時そして占領期の体験、いわば敗戦体験こそが、高城を戦記出版に駆り立てていったといえよう。実際、高城が雑誌『丸』の刊行だけでは飽き足らずに、その後一九六六年に戦記専門の書籍を出版するために潮書房の姉妹会社として光人社を立ち上げ[33]、自らも戦争関連の書籍を複数冊執筆していった。

戦記ブームとの合流

潮書房内部の事情に加え、『丸』が「戦記特集誌」へと転換した背景には、当時の出版界における「戦記もの」ブームの影響もあった。ＧＨＱによる占領終結以降、それまで検閲によって抑え込まれていた反動として、戦記を扱った書籍や雑誌が数多く出版された。

特に注目されたのは、一九五二年に刊行された吉田満『戦艦大和の最期』（創元社）である。海軍少尉で副電測士として戦艦大和に乗艦した吉田が、大和の沈没までを綴った作品として、「戦記もの」の古典に位置付けられている。高橋三郎が指摘するように、同書は文語調のカタカナで書かれているが、実はそれ以前の一九四九年にも銀座出版社から刊行されており、その際はＧＨＱによる検閲を意識してひらがな版であった[34]。

雑誌の分野では、一九五五年に出された『特集文藝春秋　日本陸海軍の総決算』は四〇万部を売り上げ[35]、一九五五年の『今日の話題　戦記版』（土曜通信社）や一九五七年の『世界の艦船』（海人社）など、戦記や軍事兵器関連の専門誌が陸続と創刊された。

一九五六年四月の『読売新聞』では、「またも〝戦記もの〟ブーム」として雑誌を中心にした戦記出版の活況が取り上げられている[36]。同記事内は、「日本陸海軍はなやかりしころへの郷愁や日本軍の優秀性を織りこんだ戦争ルポルタージュ」を中心とする「負けおしみ調」の内容にあって、「日本軍の威勢の良いものほど売れ行きがよい傾向さえ現れている」と伝える。『丸』の「戦記特集雑誌」化は、こうした戦記ブームに沸く出版界の流れに棹さすものでもあった。

実際、『丸』の誌面においてもこうした「負けおしみ調」は顕著であって、一九五七年三月号の特集「日本・海・空軍勝利の記憶」などはその典型である。同号の誌面には、「われ真珠湾奇襲に成功せり」と掲げられた当時赤城飛行長・元海軍大佐の増田正吾の手記「機動部隊、針路九十七度」などが掲載された[37]。折しも戦記雑誌化してから「一周年を迎える」なかで組まれた企画の意図について、同号の編集後記では次のように記されている。

> 戦記雑誌としての「丸」が日本のあの戦争の傷痕を、いかに把握し、いかに次代を担う人々に伝えうるか、またあの大戦を戦いぬいて一敗地にまみれた私たちの貴重な体験を通して、明日の私たちがいかに生くべきかをみなさまと共に探りだしたいと思っている。
>
> 今月号は、御覧の通り「日本・海・空軍勝利の記録」特集とした。戦後ややもすれば、国際的な劣等感にとらわれがちの私たちではあるが、あの世界の大国を向うにまわして戦ってきた私たちの戦史は部分的にはかならずしも敗けてばかりいたのではない。時に胸のすくような快勝の記録がなかったわけではない。この事実があるこ

図 2-6 『世界の艦船』創刊号（1957 年 9 月号）

とを私たちは一時でも忘れてはならないと思う。その意味で、この特集が、読者のみなさまの共鳴をよび、明日からの正しい指針になりうると信じている。[38]

高城が書いたと思われるこの「編集後記」では「胸のすくような快勝の記録」を強調する狙いが見受けられる。占領期に抱いた「劣等感」を晴らしたいという心性が表明されている。ただし「戦争の傷痕」や「一敗地にまみれた」という言葉からもうかがえるように、高城の抱く敗戦時のみじめさや負い目が絡み合ったうえで強調された「快勝の記録」であった。

大局的な戦局を捨象し、あたかも勝利したかのような戦記を、編集者だけでなく、読者もまた求めていた。実際、『丸』の読者欄では「もっと対戦頭初の勝いくさを載せて欲しい」「勝ちいくさの記録をお願いします」という声がしばしばみられる。[39] 坂井三郎のような空戦記が人気を得たのも、飢餓や疫病に苦しんだ凄惨な地上戦よりも、戦闘機というメカを操るパイロットの華やかな空中戦のほうが「胸のすくような快勝の記録」を見出しやすいからに他ならない。

現代社会批判の裏返し

もちろん、こうした「勝ちいくさ」が好まれる傾向に一方で、投書欄では「好戦的」として「再軍備に連なる」と危惧したり、「いたずらに旧軍隊を賛美しているばかり」と批判する声も見られた。[40]

それでも「勝ちいくさ」が誌面構成の中心を占めた背景には、「胸のすくような快勝の記録」を求める読者の心性が、その当時の社会に対する不満の裏返しでもあったからである。読者欄には、四〇歳の読者からの以下のような声がみられる。

敗れたりとはいえ、世界を相手に戦ったその意地の凄さを目の当たりに拝見し、現代の日本に対する一大警鐘となったのではないかと思います。私自身終戦後の乱れた思想にうんざりしていたときでもあり、溜飲を下げた思いでした。(41)

◇謹　告◇

本誌「丸」が、第二次大戦の記録を専門的に扱うようになってから早や四年、その間私たちは、ややもすれば忘れられがちな〝日本〟の問題を、話し合い考え合う機会をもちたいとたえず考えつづけてまいりました。しかしそのつど、機いまだ熟せずして、今日にいたりましたが、十五回目の終戦記念日を迎えるにおよんで**「日本を考える会」**をつくり、愛読者のみなさんと共に真剣に〝日本〟の問題を討議してゆきたいと考えました。

巷にはエログロが横行し、汚職腐敗、傷害殺人等々、日本の今日の姿をみ、日本の将来を考え、日本の若人たちの明日に思いをいたすとき、誠に暗然たらざるをえないのでありますが、今日のごとき日本を泥沼からひきあげ、明日の日本の安泰をはかりうるものは、私たち**日本人一人一人の自覚と努力**のほかにないと信じます。

政治的野心をもたず、**極右極左思想にかたよらず**、真に**「日本および日本人」**の過去と現在と将来とに深い関心をよせる有志は、老若男女を問わず賛同されんことを……。

本誌「丸」では毎月**「日本を考える会」**に誌面を提供し、みなさんとみなさんのグループの御意見、主張、報告、討論などを掲載して私たちの共通の〝**ひろば**〟にしたいと考えております。つきましては、本号綴込の愛読者カードで**「日本を考える会」**に対するみなさんの御意見、案などをお知らせ願いたく。今後の指針にしたいと考えますので。

株式会社　潮　書　房

雑　誌「丸」編　集　部

図2-7　「日本を考える会」結成についての「謹告」（『丸』1959年8月号）

「胸をすくような快勝の記録」が『丸』のなかでも希求されたのは、戦後社会への違和感ゆえであった。「戦後の乱れた思想」にうんざりしている読者にとって、「世界を相手に戦った」勇壮な戦記はまさに「溜飲を下げ」るものであった。次の二五歳の読者は、より具体的に当時の社会と対比しながら『丸』で描かれる戦時期の姿を読み込んでいた。

戦後十余年、マンボ族、太陽族とあまりにも植民地的な風潮に流れている昨今、われわれ日本人としての誇りをもつて今こそ日本再建に大いに努力せねばならない。祖国愛にもゆる若人もまだかなりいる。「丸」こそはこれら若人の心のより所としてこれから発展されんことを一日本人として心から貴誌の奮闘を祈る。(42)

勇壮な戦記は、現代への批判と過去への郷愁がない混ぜとなった形で受容されていった。先述した遺族のために用意された「殉国至誠」としての勇壮な空戦記も、「マンボ族や太陽族が氾濫する現代社会」、特に「若人」への反省を促す材料として読み替えられていった。ラテン系の音楽に乗って踊る「マンボ族」や、石原慎太郎の『太陽の季節』（新潮社、一九五六年）に由来する「太陽族」は、当時の流行文化に乗る若者世代を指す言葉として用いられた。旧来の日本的慣習にとらわれない感覚をもつ若者は、戦後派を意味する「アプレゲール」とも呼ばれ、世代間の価値観の差異に注目が集まっていた時期でもあった。具体的には、戦時期の年齢を起点に、開戦時にすでに三〇代以上だった「戦前派」、昭和一桁世代として青年期だった「戦中派」、幼少期だった「戦後派」、そして戦争体験を持たない「戦無派」とそれぞれ呼ばれた。

こうした読者の現代社会への関心を汲み取るような形で、編集部は「日本を考える会」を企図する。一九五九年八月号では「謹告」として同会の結成が次のように宣言される。

> 本誌「丸」が、第二次大戦の記録を専門的に扱うようになつてから早や四年、その間私たちは、ややもすれば忘れられがちな〝日本〟の問題を、話し合い考え合う機会をもちたいとたえず考えつづけてまいりました。しかしそのつど、機いまだ熟せずして、今日にいたりましたが、十五回目の終戦記念日を迎えるにおよんで「日本を考える会」をつくり、愛読者のみなさんと共に真剣に〝日本〟の問題を討議してゆきたいと考えました。
>
> 巷にはエログロが横行し、汚職腐敗、傷害殺人等々、日本の今日の姿をみ、日本の将来を考え、日本の若人たちの明日に思いをいたすとき、誠に暗然たらざるをえないのでありますが、今日のごとき日本を泥沼からひきあげ、明日の日本の安泰をはかりうるものは、私たち日本人一人一人の自覚と努力のほかにないと信じます。
>
> 政治的野心をもたず、極右極左思想にかたよらず、真に「日本および日本人」の過去と現在と将来とに深い関心をよせる有志は老若男女を問わず賛同されんことを……。
>
> 本誌「丸」では毎月「日本を考える会」に誌面を提供し、みなさんとみなさんの御意見、主張、報告、討論

などを掲載して私たちの共通の〝ひろば〟にしたいと考えております。つきましては、本号綴込の愛読者カードで「日本を考える会」に対するみなさんの御意見、案などをお知らせ願いたく。今後の指針にしたいと考えますので。(43)

誌面を介して現代日本の問題を討議する会として結成された同会は、ダイジェスト誌時代を想起させる「政治的野心をもたず、極右極左思想にかたよらず」という姿勢を強調した。翌々月号に『「日本を考える会」についての反響』として同欄には、以下のような読者からの声が掲載された。

たんに世論を風に聞き、空に左右を論ずることなく、あくまでも一人一人が真剣に考えるべきだと思う。このようなことから私は〝丸〟を愛読する。〝丸〟には我々には知らされなかつた裏面史がある。現代のアジに盲従せず、過去をおもい、現在と将来とについて真面目に考えていきたい。(44)

こうした「世論」に惑わされないために『丸』には「裏面史」を期待しているとこの読者は述べる。編集部は「極左極右にかたよらず」と掲げたが、「日本を考える会」という名もあってか、「「駐留軍のための日本」ではなく「日本人のための日本」の政治を願いたい」という声や、「正しい意味での愛国心を育てるため、ぜひともこの会を育てていつて下さい」という声などもみられた。(45) 編集部は、これら読者からの意見を踏まえ「規約・綱領を作製」するとしたが、結局誌面で二度「反響」が掲載されただけに留まり、会の活動が具現化していく様子は見受けられず、結局立ち消えとなる。

だが特筆すべきは、「現代の日本社会」批判としての戦記が受容されていく様子に、若い少年世代の読者も呼応したことである。一九五八年一〇月の「反響」では四一名からの投稿のなかで、一〇代の読者が一五名とおよそ三

図 2-8　『週刊新青年』創刊号（1959 年 2 月 19 日号）

分の一を数えた。「ロカビリー・マンボ族が街にはんらんする今日、今後の日本を真剣に考える若人が、一体どれほどあろうか[46]」という投書を一七歳の読者が寄せるなど、少年世代の読者層がここに浮上し始めてくるのである。

こうして戦争体験を持つ年長者の現代社会への批判と過去への郷愁が一体となった戦記受容は、その後、戦争体験を持たないはずの少年世代も惹きつけていくことになる。

編集部も遺族だけでなく、若い世代の読者を意識しはじめる。この時期、潮書房は『週刊新青年』を創刊している。『新青年』といえば、博文館が刊行していた都市の若者向け雑誌が想起されよう。一九二〇年から一九五〇年の間に刊行されていた博文館の『新青年』は江戸川乱歩や横溝正史の探偵小説の掲載で知られるが、潮書房の『新青年』は当時の週刊誌ブームに掉さすように政治・芸能に関する暴露記事が中心となっている。

創刊号となった一九五九年二月一九日号では、「二大特報」として「正田美智子・皇太子妃の後輩にカソリック一派」「岸信介の〝国際的大疑獄〟事件説」などが掲載されている。内容的にみれば、戦記雑誌化する以前のダイジェスト誌時代の『丸』に似たものとなっている。奥付では編集人・高城肇、発行人・増永嘉之助と記されており、『丸』と同じ体制での刊行となったが、その後の刊行は確認できず、短命に終わっている。

懐かしい戦時期

「現代」を取り扱おうとし挫折した『新青年』に対しては、『丸』では戦時期という「過去」に活路を求めていった。鬱屈した現在との対比において、勇壮な過去の記録を振り返る。それは、戦争体験者にとっての過去への郷愁を喚起させるものであった。次のような投書がその典型であろう。

「丸」は全くなつかしい。戦友の奮闘を語り、別れた先輩の消息を知らせてくれた。思えば当時、助教要員であった私も、特攻隊の訓練中の殉職を目前にみて発奮、一七才にして特攻隊を志願す。振武二九九隊機上無線員。「丸」をよんでいると当時のファイトが燃えてくる、なつかしさと共に！(47)

図 2-9　田河水泡「のらくろ再登場」(『丸』1958 年 9 月号)

『丸』を通して二九歳のこの読者は特攻隊に志願した自らの体験を「なつかしい」と振り返る。戦記に触れることによって、読者は戦時の様子を懐古するのであった。

こうした「なつかしさ」を喚起する要素を編集部の側も誌面に盛り込んでいった。

一九五八年九月号には田河水泡「のらくろ再登場」が掲載された。「のらくろ」は一九三一年より一〇年間、講談社の『少年倶楽部』で連載された戦時期を代表するマンガ作品である。『少年倶楽部』時代の「のらくろ」は、野良犬の孤児のらくろが、陸軍をモデルにした犬の軍隊社会のなかで、二等兵から大尉へと昇進を重ねていくサクセスストーリーとして少年たちに絶大な人気を誇った。同作は、作者の田河水泡自身の生い立ちを投影したものであるが、田河が体験した軍隊内部での暴力や過酷な戦場の様子は描かれなかった(48)。萩原由加里が指摘するように、田河が「読者である少年たちに対する軍隊への憧れを配慮」し、作品には軍隊の「プラスの面だけが描かれる」ことによって、「理想化された軍隊における立身出世のストーリー」として戦時期の少年たちに受容されたのである。(49)

『丸』初登場の翌月号（一九五八年一〇月号）より「自叙談」の連載が開始され、一九八〇年一二月号「のらくろ喫茶店」まで二〇年以上にもわたり、「のらくろ」は掲載された。そこには「「のらくろ」の大ファンであった潮書房光人社の二つの出版社の社長・高城肇が、「のらくろ」のことがどうしても忘れられず、もう一度世間に登場させたいという願い」があったと田河の妻である高見澤潤子は述べている。(50)実際、田河も戦後における「のらくろ」の復活は、戦争体験世代を対象にした企画であった。『丸』における「のらくろ再登場」にあたって次のように述べている。

のらくろには少年時代の郷愁がある、とこれは会う人ごとの私への挨拶だ。人々が少年時代を回想するとそこにはかならずのらくろの思い出があるという。或る人は薄幸の境遇をのろくろとともに泣いたというし、或る人はのらくろがおかしくて飯を吹出しちまつたという。さまざまな印象で、思い出のなかにのらくろを覚えていてくださることは作者にとつて嬉しいことだ。私もまた人々とともにのらくろはなつかしい。(51)

田河自ら「なつかしい」と綴っているように、「のらくろ」においてはまず「少年時代の郷愁」が強調された。記事内においても「のらくろ」の再登場は、「丸の編集部」が「目をつけた」ことに由来すると田河は述べている。(52)編集部が目をつけた「のろくろ」のなつかしさに呼応するように、読者欄でも「のらくろの再登場に期待する。むかしなつかしい、まさに、昔なつかしい……」という声が挙がっている。(53)戦時期に少年時代を過ごした読者たちにとって『丸』のなかで「のらくろ」に触れることは、過去への懐古へとつながっていった。

また同時期には、綴込付録として軍歌四一曲の歌詞を綴った「愛唱軍歌集」（一九五九年二月号）なども付けられ、読者からも「あのころの青春時代（棒にふりがちな）が、なつかしいのです」という声が読者欄にも盛んに掲載された。[54] こうして戦記雑誌のなかで、戦争体験を共有するための「戦記」は懐古趣味と接続し、マンガや軍歌などが付随する形で誌面にも登場するようになった。

とはいえ戦記雑誌としての『丸』に掲載されたコンテンツは、懐古趣味としてのみ消費されたわけではない。「のらくろ」であれば、田河は「なつかしさ」とともに、「のらくろイズム」として主人公ののらくろに投影した情念を次のように綴っている。

> のらくろは系累的にも孤独だから、たまには感傷的なさびしさをうつたえることもあるが、そんなことより、もつと奥の深いせきばくを感じているから、その空虚を埋めるためには常識的な合理主義では空虚をますます大きくするばかりなので、彼は自分のせきばくをまぎらすために、意識してナンセンスを楽しんでいるのだ。[55]

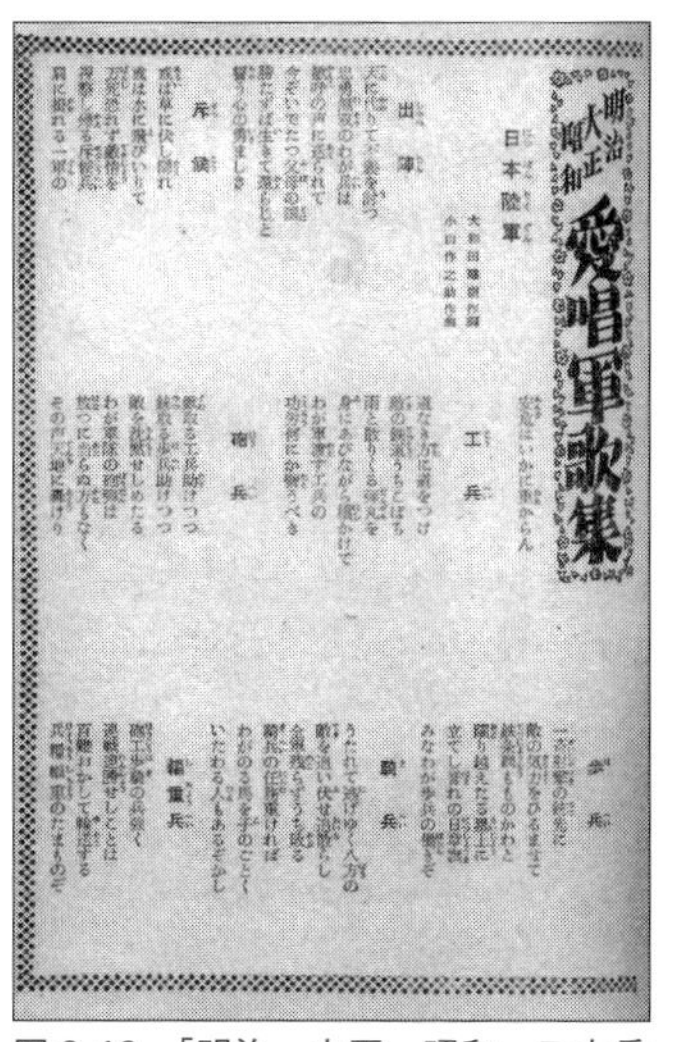

図 2-10　「明治・大正・昭和・三大愛唱軍歌集」（『丸』1959 年 2 月号）

単なる「なつかしさ」に回収されない、戦中派世代としてののらくろが抱える「せきばく」や「空虚」、そしてそれを紛らわすための「ナンセンスを楽しむ」態度について語っている。

また「のらくろ」の連載が始まった翌号（一九五八年一一月号）では、特集「東西戦争映画史」が企画され、「懐しの内外名戦争映画物語」として戦前から戦後の映画が紹介されている。ここでも一見「懐かしさ」が強調されているが、映画監督・亀井文夫「非公開映画〝闘う兵隊〟顛末記」や映画評論家・岩崎昶「戦争映画の史実性と娯楽性」なども掲載されている。戦争を懐かしむ態度とは対照的に、亀井や岩崎はむしろ映画という媒体を通して戦争の暴力性を問うてきた作家や評論家である。(56) 読者に「懐かしさ」を喚起すべく編集部がさまざまなメディア作品を取り上げようとするなかで、むしろ懐古趣味としての意図から外れ、戦争を問い直す面も有していた。

この当時の読者のなかには、水木しげるも含まれていた。マンガ家としてデビューする直前の紙芝居作家時代の一時期、水木は「連合艦隊の模型による再建計画」に没頭していたという。

火元は本屋で『丸』という本を見たのがいけなかった。我々の時代は戦艦「陸奥」と「長門」がスターだったが、戦争中には「大和」「武蔵」というとてつもない戦艦がいたのだ（ぼくは不幸にして戦争中知らなかった）。この戦艦と陸奥、長門を並べた場合、どういうことになるか、ということがキッカケだった。(57)

一九二四年生まれの水木は、戦時中に派遣された南方戦線で、末端兵として壮絶な戦場を目の当たりにし、自らも左手を失い、マラリアにもかかるなど生死を彷徨った。こうした苛烈な戦争体験は、「ラバウル戦記」や「総員玉砕せよ」などの作品のなかでも描かれていく。一方で、『丸』をきっかけに幼少期の「スター」であった戦艦への興味が蘇ってきた。このように水木のなかでは、悲惨な戦争体験と幼少期の戦艦の思い出が同居していたのである。その後の読者欄には、まさに水木と重なるような体験世代の声もみられる。

戦争を身をもって体験した傷痍軍人として、あくまであの惨烈な戦争は、くりかえしたくないが、それだけに戦争の想い出もまた深いものがある。新らしい世代の青少年に軍艦の姿はどう映じるか、かつては憧れた軍艦の雄姿です。(58)

まだ戦争の記憶が冷めやらぬ一九五〇年代において、『丸』での戦記は肉親を失った遺族に向けた「慰めの物語」として提示されていた。戦記雑誌としての『丸』は、遺族の体験の重さとナショナルな欲望、体験者の懐かしさなどの様々な要素が折り重なるように受容されていた。戦争体験を持つ年長者の現代社会への批判と過去への郷愁が一体となった戦記受容は、その後、戦争体験を持たないはずの少年世代も惹きつけていくことになる。

第三章　「丸少年」の浮上——一九六〇年代初頭

戦史と戦記と軍事の月刊雑誌「丸」は、毎月、第二次大戦の貴重な記録を中心に、現在と過去と未来を歴史に事実にもとづいて編集された、日本でただ一つの雑誌です。第二次大戦に参加された方も、大戦にされなかった方々も「丸」をそろえて一家の記念にして下さい。[1]

メカニズム志向の登場

『丸』は、一九六〇年代に入ってそれまでの「戦記特集誌」ではなく、「戦史と戦記と軍事の雑誌」と名乗るようになった。[2]「一家の記念」とされるように、家族で読むことが強調されている。すなわち、「戦記特集誌」化された当初、読者として想定されていた「第二次大戦に参加した」元兵士や遺族だけでなく、「大戦に参加していない」若い世代が読者として意識されるようになっていた。遺族や元兵士に向けたはずの戦記雑誌に、意図せぬ形で少年世代が浮上してくるのである。読者層の変化は、誌面構成にも見て取れる。その特徴は、戦闘機や戦艦、戦車などのメカニズム欄（グラフや図解、模型解説など）の充実にある。一九六〇年の特集においても、零戦や大和をはじめ戦闘機や戦艦を取り上げた特集企画が目立つ。

象徴的なのは、零戦を設計したことで著名な堀越二郎の寄稿の増加であろう。堀越は戦時期に三菱内燃機製造（現在の三菱重工）の航空技術者として、海軍の主力戦闘機として使用された零式艦上戦闘機の主任設計者を務めた。戦後は、新三菱重工の技術部に復帰しながら、元海軍中佐で大本営参謀の奥宮正武との共著で『零戦　日本海軍航空小史』（一九五三年）を、当時戦記ブームを牽引していた日本出版協同社から刊行していた。一ノ瀬俊也が詳細を明らかにしているように、同書は零戦が最後まで活躍できなかった理由を「軍の一部および分譲政治家・官僚」といった戦争指導者の責任に帰する堀越の「敗戦責任転嫁論」を特徴とする。反戦平和を貴重とする戦後社会のなかで「戦争協力者」とみなされないためにも、自分たちはただ優秀な戦闘機を造ろうとしただけだと語らざるを得なかった堀越の「弁明」こそが、結果的に「日本の技術力の結晶」という零戦神話の素地を形作っていった。[3]『丸』は堀越の「弁明」の場を積極的に提供し、読者たちは零戦のメカニズム解説を零戦神話として受容していった。一九六〇年二月号の特集「零戦」における「私が設計した零戦の秘密」を初出として、同年一二月号「二式水戦についての感想」、一九六一年二月号「九六戦から零戦・烈風にいたる艦戦設計の秘密」、一九六二年二月号「私が設計した零戦一万機の内訳」、同年四月号「零戦設計者のみた世界名戦闘機十傑」、同年九月号「F一〇四超音速戦闘機の設計について」、同年一一月号「名戦ムスタングについての一考察」と、堀越は次々と記事を寄せ、零戦のみならず、そこから派生して外国機や当時の最新機にまでテーマの対象を広げ解説している。しかも、その大半が特集の巻頭記事となっており、編集後記でも堀越の記事に言及し「玉稿」とありがたがる様子が見て取れる。[4]そして、一九六三年二月号からはついに連載「零戦」まで担当するようになる。

メカニズムとしての誌面傾向は他にもみられる。一九六二年一〇月号より零戦・大和に特化した質問欄「零戦・大和コーナー」なども新設された。また一九五九年二月号からは読書欄でも戦闘機や戦艦を描く投稿画が登場した。さらに一九六〇年三月号より模型工作を解説する「ソリッド・モデル教室」が設置され、一九六〇年一〇月号からは『丸』編集部自身が模型代理販売を開始している。

こうした『丸』のメカニズム志向は、例えば特攻の取り上げ方も大きく変えた。一九六三年七月号の表紙では、第一特集「ドイツの戦艦――ポケット戦艦から十二万噸戦艦までのメカニズム」、「好評連載名機零戦の一生堀越二

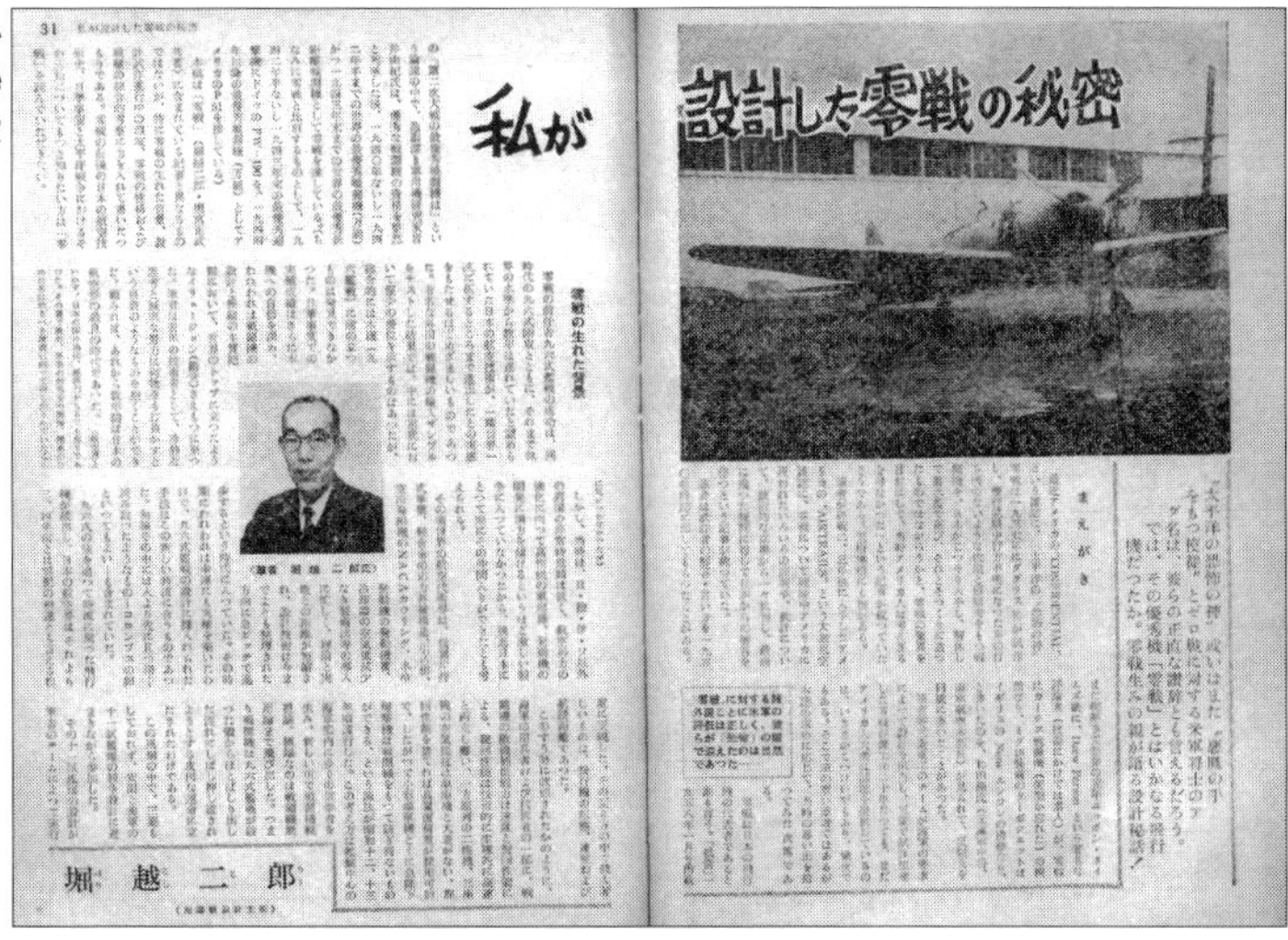

図 3-1　堀越二郎「私が設計した零戦の秘密」（『丸』1960 年 2 月号）

私が設計した零戦の秘密

堀越二郎

まえがき

図 3-2　「零戦・大和コーナー」（『丸』1962 年 11 月号）

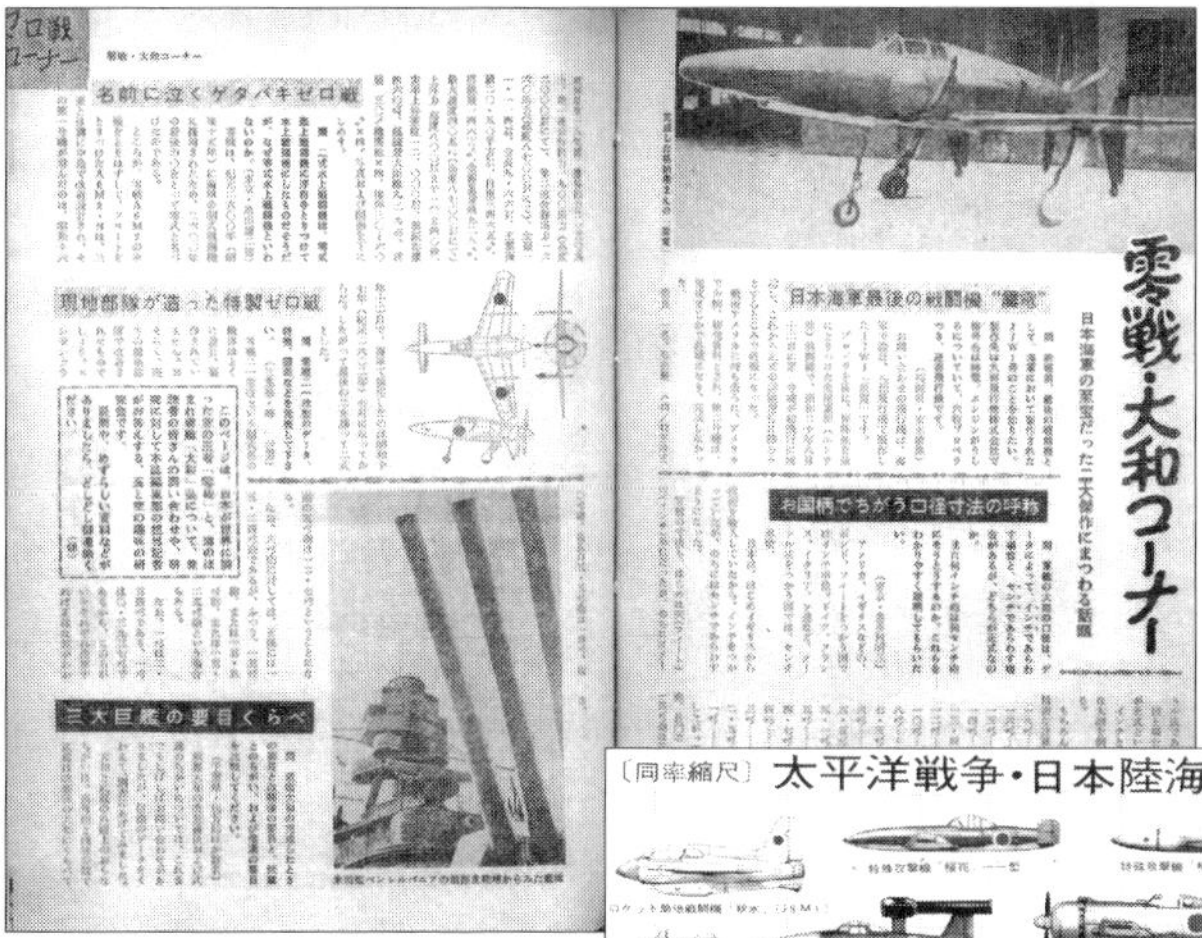
零戦・大和コーナー

日本海軍の至宝だった二大傑作にまつわる話題

名前に泣くゲタバキゼロ戦

現地部隊が造った特製ゼロ戦

日本海軍最後の戦闘機"震電"

お国柄でちがう口径寸法の呼称

三大巨艦の要目くらべ

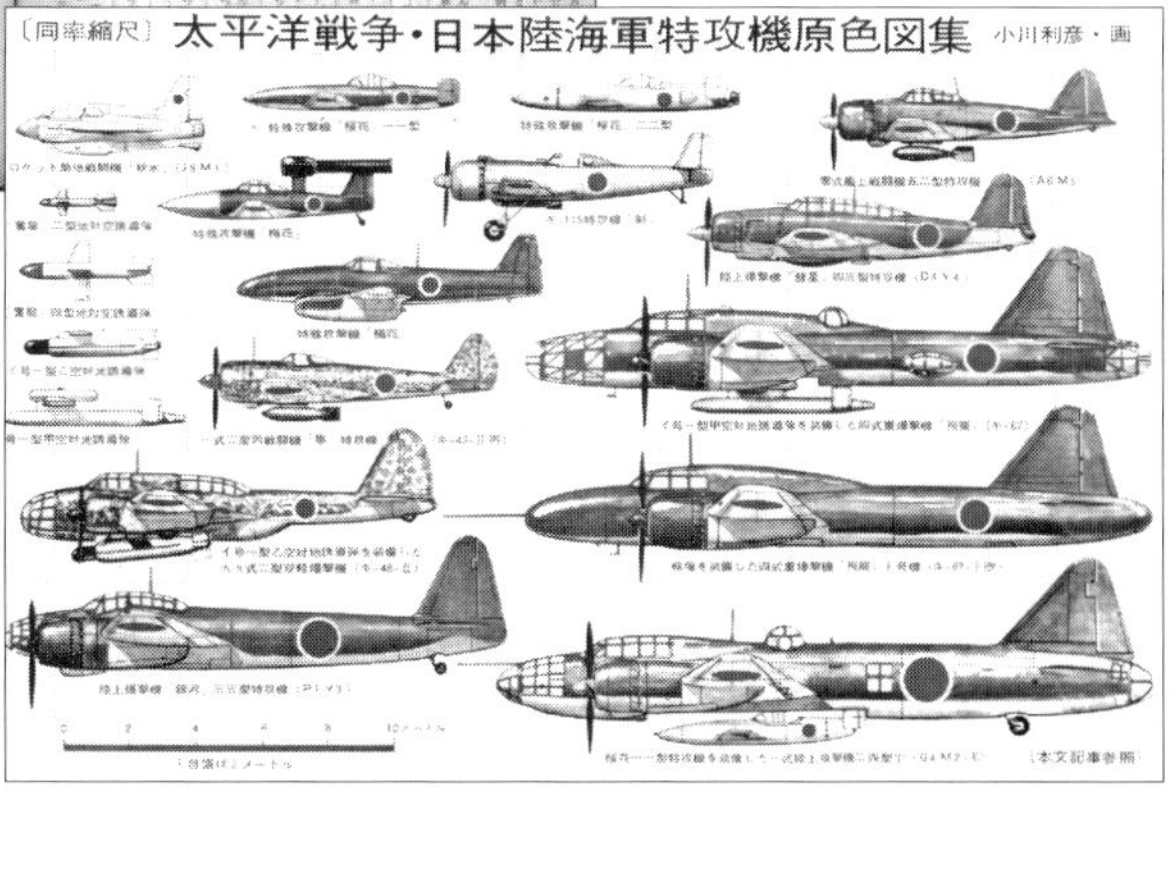
〔同率縮尺〕太平洋戦争・日本陸海軍特攻機原色図集　小川利彦・画

〔本文記事参照〕

図 3-3　「太平洋戦争・日本陸海軍特攻機原色図集」（『丸』1963 年 7 月号）

1月号	日本陸軍かく戦えり：米英ソ側より見た日本陸軍の奮戦と最後
2月号	零戦：世界を震撼させた海軍ゼロ戦秘録
3月号	ドイツ海軍の最後：壮絶悲壮ナチス艦隊の奮闘と最後
4月号	怒級戦艦 大和・武蔵：世界に冠たる日本建艦技術の凱歌
5月号	連合軍対独戦記・ベルリンへの血み泥の道：暗黒の欧州を吹きまくった戦乱の7年
6月号	学徒兵戦記：あなたの父／あなたの夫／あなたの兄 あなたの弟はかく戦った
7月号	世界の秘密戦：日米英独ソ奇々怪々のスパイ事件
8月号	世界の戦艦：7つの海を圧した世界の戦艦史
9月号	連合艦隊50年：戦史に誇る連合艦隊500余隻の生涯
10月号	一式戦闘機 隼：大空のエースと設計陣が綴る〝隼〟秘録
11月号	秘密空母 大鳳・信濃：日本海軍の誇った謎の不沈空母秘録
12月号	零水戦：謎を秘めた日本海軍水上機隊戦記

表3-1 『丸』（1960年）における特集

郎」に挟まれる形で第二特集「特攻機とカミカゼ」が組まれている。

特筆すべきは、まさにメカニズムとしての「特攻機」へ関心が寄せられている点にある。元海軍中佐・寺岡謹平「特攻機はなぜ生まれなぜ実施されたか」をはじめ、軍用機研究家・木村源三郎「実戦に参加日本特攻機総まくり」、航空評論家・内藤一郎「脅威と戦慄の特攻兵器「桜花」の正体」など、特攻機の技術的な側面を解説した記事が並ぶ。こうしたメカニズム志向の特攻として最たるものが、「太平洋戦争・日本陸海軍特攻機原色図集」口絵であろう。

先述したように、戦記特集雑誌だった一九五〇年代においては、勇壮な散華の物語としてあくまで「特攻隊員」の姿や「作戦」の詳細にスポットが当たっていた。しかし、一九六〇年代に入るとこのようにメカニズムへの関心から「特攻機」という機体そのものに注目が集まるようになっていった。

とはいえ、『丸』の誌面がメカニズム一色に染まったわけではない。同号の「特攻機とカミカゼ」特集においても、「特攻機」の技術解説のみならず、一方で、一九五〇年代の特攻もの連載で人気を博した安延多計夫による「神風特別攻撃隊が果たした偉大な役割」や元陸軍航空審査部員「私は特攻命令に絶対反対だった！」、あるいは「青い眼の見たカミカゼ——その神秘で崇高な殺戮兵器」というアメリカ軍からの視点など、特攻隊員の「殉国至誠」や「アメリカにとっての脅威」を説く従来的な記事も掲載されている。

戦記とメカニズムは渾然一体として受容されていた[5]。誌面をみても、例えば、一九六七年一月号「特集・あゝ神風特別攻撃隊」では、特攻機「桜花の解剖図」と高木俊朗「『知覧』あれから二十余年」が隣り合わせに掲載されている。桜花のメカニズムが詳しく図示される横で、「絶望感におちいって」苦悩する特攻隊員の姿を描いた作品が紹介されているのだ。

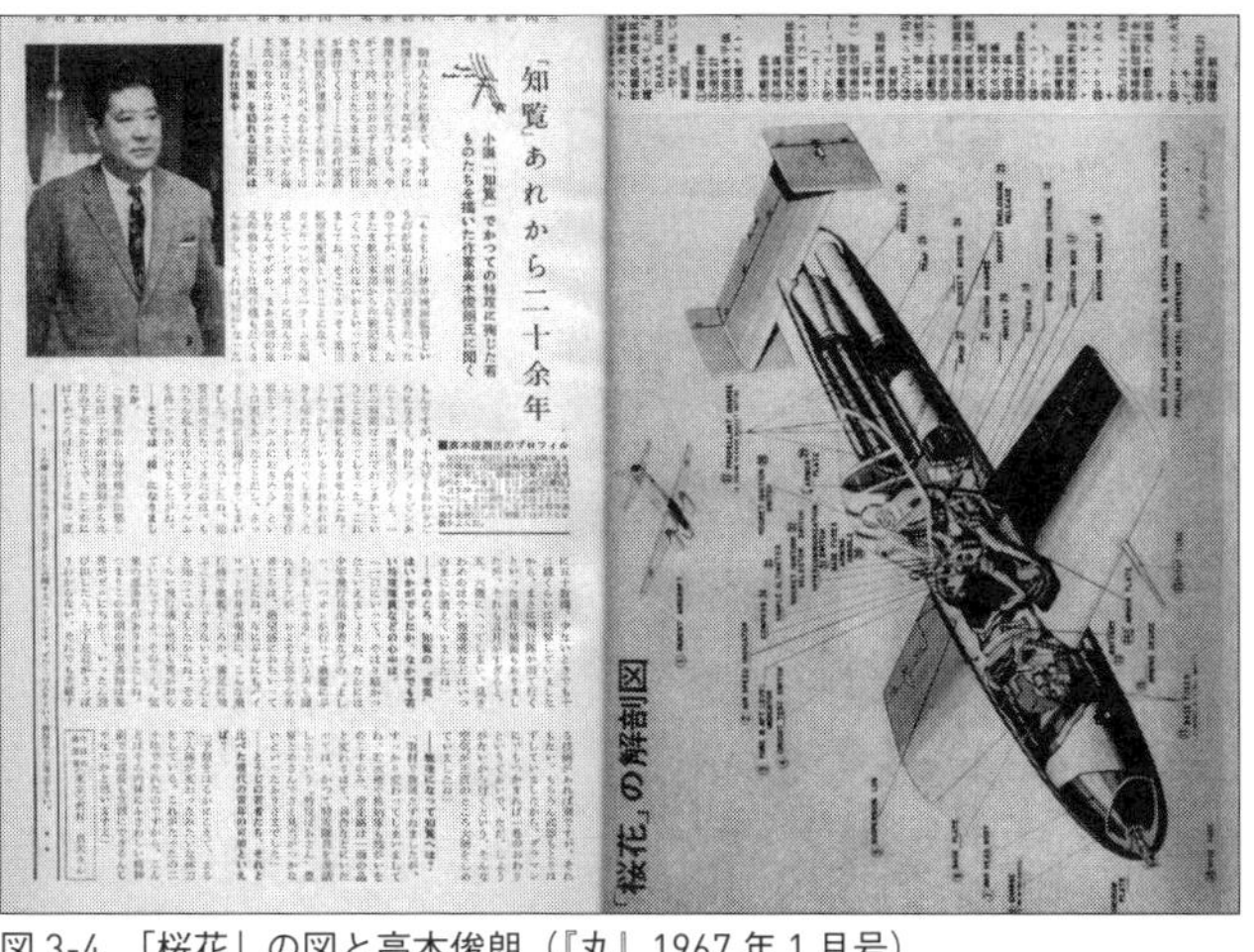

図 3-4 「桜花」の図と高木俊朗（『丸』1967 年 1 月号）

読者欄でも、「ただの読物雑誌としてではなく、技術的なことまでくわしくのっているのが、私の本誌を愛読するユエンなのです[6]」や、「戦記も模型もいっしょに楽しめるとても良い雑誌です[7]」という投書がみられた。その最たるものとして次の少年読者の声があげられる。

> ぼくはひまにまかせてプラスティックの模型をつくっていましたが、それをみた友だちのすすめで本誌を読むようになりましたが、たんに模型つくりを楽しむだけでなく、今度は一艦一艦の活躍ぶりがよくわかるようになりとてもよろこんでいます。さいきんは本誌を読みながら、一そう精をだして軍艦建造にはげんでいます[8]。

軍艦の模型作りに熱をあげていた少年は、『丸』を読むことでその軍艦の「活躍ぶり」に関心をもつようになったという。こうした傾向に読者欄では、「最近の本誌は戦争がどんなものかであるかを全く知らない若い人たちに迎合し、ただ過去の帝国軍隊や兵器の優越性を繰り返し強調しているに過ぎない」との批判もなされている。[9] ただし、ここで注目したいのは、その批判の対象が「過去の帝国軍隊や兵器の優越性」とされていることである。その是非はともかくとして、やはりここでも戦記としての「過去の帝国軍隊」とメカニズムとしての「兵器の優越性」が同列に扱われている。

このように一九六〇年代の『丸』において、メカニズム解説と勇壮な戦記は連続的なものとして受容されていた。

少年マンガ誌との相互参照

『丸』におけるメカニズム志向の登場は、一九六〇年代における少年文化のなかでの戦争ブームと連動していた。[10] 当時の少年マンガ誌では戦記マンガや兵器の解説記事が誌面を飾るとともに、戦闘機や軍艦のプラモデルが少年たちの間で人気を博していた。

『丸』の文脈に即していうと、そこには戦記雑誌と少年マンガ誌との密接な関係性がみえてくる。注目したいのは、『丸』の戦記雑誌化を主導した高城肇の存在である。前章でも述べたように高城は、一九五六年における「戦記特集雑誌」への転換期に『丸』の編集長となり、一九五九年に潮書房の主宰として『丸』の顔となっていく。[11]

高城は、一九六〇年代当時、まさに戦記ブームが到来する『週刊少年マガジン』にも大きな影響を与えていた。当時『少年マガジン』の編集長（二代目）を務めていた井岡芳次は、高城と『週刊少年マガジン』との関係を以下のように回想する。

日本で最初の少年週刊誌「少年マガジン」（講談社）が創刊されたのは昭和三四年三月で、創刊号は別冊付録が付いたこともあり予想以上に多く売れたが、付録が禁止されてから部数が落ち、低迷期が続いた。

読者の好みを調べて早急に対策を考えるよう指示があり、私は、十数軒の書店を訪ね歩き二、三の書店で意外なことを聞いた。中学生くらいの少年に「丸」がよく売れているというのだ。私も愛読していた戦記雑誌がなぜ子供に読まれるのか、疑問を正すべく「丸」の編集長を訪ねた。二、三十分ならとのことだったが、会談は延々二時間以上に及んだ。別れ際に「あなたとは一生の付合いにしたい」と、私の手を握りしめた。

これが高城さんとの初対面であった。

世界NO.1部隊シリーズ(日本)

ひみつの計画書できる

爆撃隊の王者 海軍急降下爆撃隊

少年愛読者のための特別よみもの

新型爆撃機をつくろう

こうして生まれ

新れんさい こうして世界一になった!

命中率88パーセント!世界一の大記録をたてた急降下爆撃隊たんじょうのうらにはこんなひみつがあった!

文・高城肇 絵・小松崎茂

図 3-5 「爆撃隊の王者・海軍急降下爆撃隊」(『丸』1964 年 4 月号)

子供の興味は飛行機や軍艦、戦車などのメカニズムなのだと教えられ、口絵や図解ページとして具現化、ほかに「空の王者ゼロ戦」「海の王者大和」「少年太平洋戦史」などの連載読物を次々に執筆していただいたのだが、部数上昇の原動力となっていった。(12)

実は『少年マガジン』に「戦争ブーム」をもたらした一因には、高城と『丸』の存在があった。高城自身も『週刊少年マガジン』に寄稿するだけでなく、少年画報社の「少年文庫」にて『軍艦』(一九六二年)、『零戦』(一九六三年)、あかね書房の「少年少女二〇世紀の記録」にて『ゼロ戦物語』(一九六五年)など、少年向けの図書文庫で戦闘機や軍艦に関するものを多数執筆している。

『丸』においても、こうした少年マンガ誌における戦争ブームを受けるかたちで、一九六四年四月号より「少年読者のための特設コーナー」[13]が設置されている。そのなかで高城自身も「爆撃隊の王者・海軍急降下爆撃隊」という挿絵付きの連載を開始している。日本の「世界N0・1部隊」をテーマにした同連載では、勇壮な空戦記もののスタイルを踏襲しながら、戦闘機の技師にも焦点をあて、試作の様子を細かく描写するなどメカニズム志向も取り入れた、まさに戦記とメカニズムが同居した作品であった。挿絵も当時ミリタリー模型の表紙絵画家として活躍していた小松崎茂が務めた。[14]

ミリタリー模型が普及していった背景には、少年マンガ誌での戦記ブームと合わせて、プラモデル文化の台頭も関わっている。松井広志が指摘するように、高度成長期における重化学工業化のなかで、石油化学工業の成果としてプラスチックの模型が製造され、急速に普及していった。[15]模型工作の趨勢としても、それまでの木材や金属を素材とした「動く」模型から、質感を調整できるプラスチックの性質を生かして外観を「リアルに」再現する「動かない」模型へと変化することとなる。言い換えれば、観賞用の「動かない」模型が主流となるなかで、「リアルさ」に意味を与える背景知識としての各機体の詳細なメカニズムや物語、そして外観イメージの挿絵が重要な役割を果たすようになった。そのため戦闘機や軍艦、戦車の詳細な解説や写真、設計図が掲載された『丸』や少年マンガ誌は、プラモデルを作るうえでも少年たちにとっては格好の「参考書」となったのである。

そして他方で『丸』の読者欄にも、『週刊少年マガジン』から逆輸入される少年読者の姿がみられる。

> 少年マガジンの広告を見てはじめて七月号を買いました。ぼくは戦争の本がだいすきで、丸にはぼくのしらない軍艦、飛行機がたくさん載っていたので、これからもつづけて買おうと思ってます。[16]

少年マンガ誌で抱いた兵器のメカニズムへの関心からステップアップする形で『丸』へと向かったのである。『仮面ライダー』や『ゲームセンターあらし』などの作品で知られるマンガ家のすがやみつるも戦記マンガと『丸』

を併読していたと語っている。

マンガを描きはじめる少し前からぼくは、戦記画を描くことに熱心になっていた。ノートの落書きは、零戦やグラマンF6Fといった太平洋戦争時代の戦闘機ばかり。少年雑誌の戦記記事や戦記マンガと、プラモデルのブームに影響された結果だった。

戦記雑誌の「丸」から航空雑誌の「航空ファン」「航空情報」まで読みあさり、零戦や「隼」のスペックを頭のなかに叩き込んでいった。「丸」の通信販売で、零戦のナマ写真を買ったこともある。もちろん零戦を描くときの参考資料にするためだ。[17]

順位	雑誌名	実数
1	中学三年コース	305
2	中学時代三年生	220
3	中学生の友高校進学	99
4	少年	36
5	週刊少年マガジン	30
6	週刊少年サンデー	27
6	丸	27
8	ベースボール・マガジン	26
8	週刊読売スポーツ	26
8	少年画報	26
8	平凡	26

表3-2　中学三年生男子のいつも読んでいる雑誌（1961年）
（『学校読書調査二五年』[毎日新聞社、1980年：254頁]より）

一九五〇年生まれのすがやにとって、『丸』は戦闘機についてのより詳細な知識を入手し、興味を満たすための重要な導き手となった。実際、毎日新聞社による学校読者調査では、一九六一年における中学三年生男子の「いつも読む雑誌」として、『丸』が『少年マガジン』や『少年サンデー』と並んで挙がっている。[18]

『丸』の読者欄に掲載された読者の平均年齢や一〇代の読者が占める割合をみても、戦記雑誌化した当初の一九五六年時点では、読者の平均年齢は二五・七歳で、一〇代の読者は四一％であった。すでに当初から一〇代の読者が四割を占めていたとはいえ、一九六一年にはさらに平均年齢が一八・七歳まで下がり、一〇代の割合も七六％まで増加していた。それ以降も読者欄に掲載された少年読者層の数や割

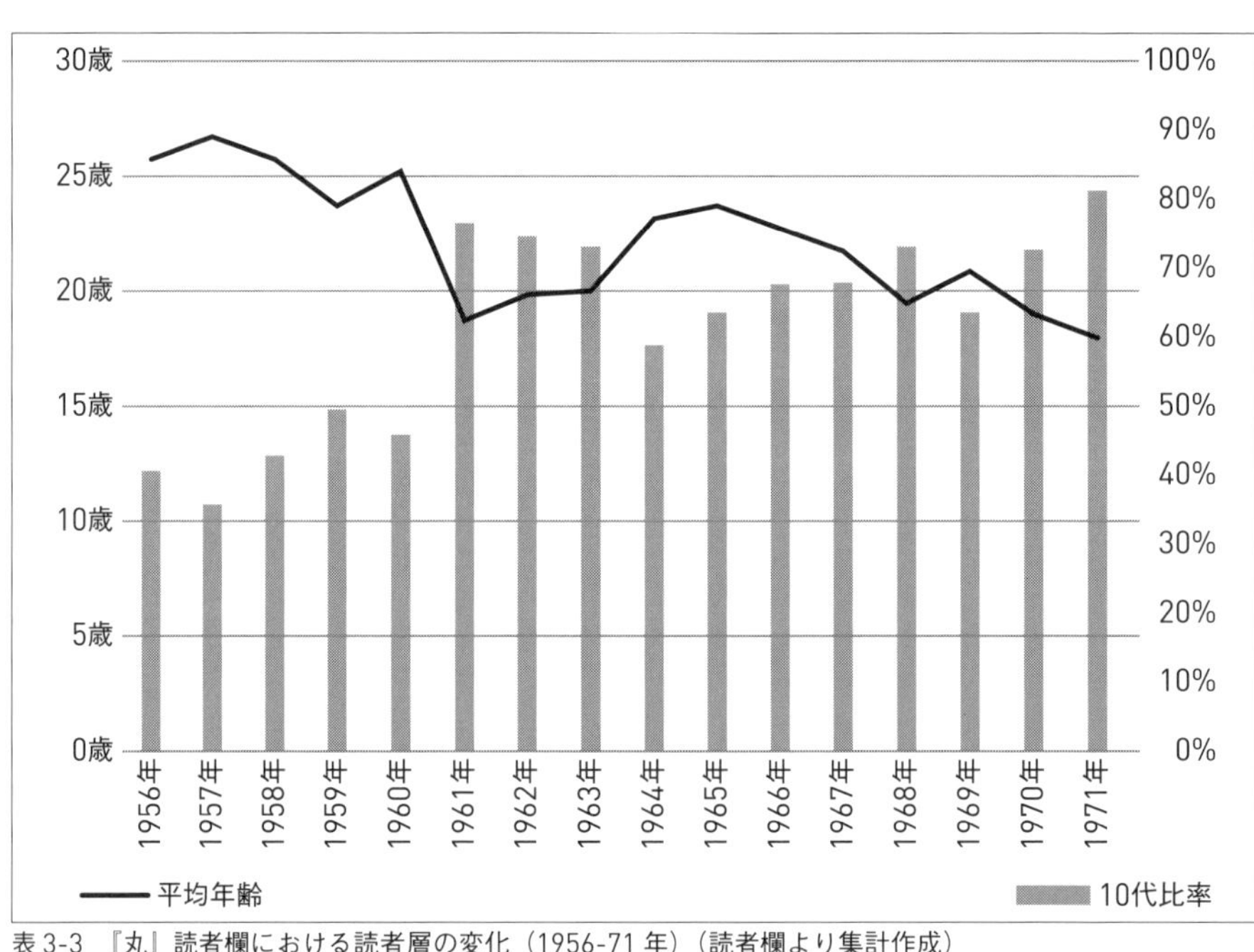

表 3-3 『丸』読者欄における読者層の変化（1956-71 年）（読者欄より集計作成）

合は、一時揺り戻しもあったが、一九六〇年代を通して増加傾向にある。

「はじめに」でも述べたように、もちろん読者欄に掲載された読者の投書は、読者全体の一部に過ぎず、編集部による「選別」の結果である。だが裏を返せば、読者欄に掲載された読者の平均年齢が下がり、一〇代の読者の割合が増加したことは、少なくとも当時の『丸』編集部が少年読者を意識しながら雑誌を作っていたことの裏付けといえよう。

一九六〇年代の『丸』と『週刊少年マガジン』は、高城肇を媒介として相互参照し合うなかで、さらなる少年読者層の獲得を図っていった。その方策こそがメカニズムを誌面で積極的に取り上げ、従来的な戦記に散りばめていくことであった。いわば、戦記とメカニズムの同居である。こうして『丸』が、戦記のみを扱った「戦記特集雑誌」から、戦記とメカニズムを同居させた「戦記と戦史と軍事の雑誌」へと変容していく過程では、従来の遺族に向けたメディアとしての性格は薄れていかざるをえない[19]。戦記は追悼・慰霊の文脈よりも技術的なメカニズムの文脈に重きをおいて、誌面にあらわれるようになる。

戦無派世代の教養体験

ではなぜ、『丸』のような戦記とメカニズムの雑誌が、少年読者に読まれていたのだろうか。[20]

戦記雑誌を読む少年が一定数存在しているという奇妙な状況は、当時の社会でも一定の話題を集めていた。『週刊文春』一九六〇年二月一五日号では、「戦記雑誌『丸』の投書欄――戦争を知らない少年の夢」として、『丸』を愛読する少年読者の存在について驚きをもって取り上げている。

> 大人の雑誌の愛読者が、実はこどもだった、それだけのことなら、おどろくに当らないハズ。
> 実は、その雑誌「丸」は、戦記雑誌なのである。誌面の全部が、ありし日の帝国陸海軍のおもかげを、写真で活字で、描き出したものなのだ。

トピックスカウト
① 戦記雑誌「丸」の投書欄
戦争を知らない少年の夢
少年たちの思い描く戦争は、男同士によって演じられる、悲しいほどに美しい詩劇の世界だ。そこには、青空をかけのぼるゼロ戦や、白波をけたてて進む戦艦大和の雄姿がある。これが、新しい少年たちの夢なのだが――。

図 3-5 「戦記雑誌『丸』の投書欄――戦争を知らない少年の夢」(『週刊文春』1960 年 2 月 15 日号)

> いまの十代は、もちろん、軍艦マーチをテーマソングにした「大本営発表」を聞いたこともなければ、軍服が街の風物詩になくてはならぬ点景だったことも記憶に無い。
> そのかれらが、なんで戦記物などに用があるのだろう、いうのが大人たちの素朴な疑問になるわけだ。[21]

戦争の記憶を持たぬ「いまの十代」が「なんで戦記物などに用があるのだろう」か。「公称発行部数八万。毎号につき一万の投書がくる」雑誌『丸』には、「日教組の先生がたが読めば驚倒するような投書が、毎日編集部に殺到する」という。[22] その上で、ここでは『丸』を読む少年読者の動機を次のように紹介している。

投書マニアの一人、斉藤武文君（一四才）はいう。

「戦争が好きだから読んでいるわけじゃないサ。ただ、みんなが、やたらに日本がわるかったというだけなので、ぼくは事実を知りたかった。歴史の勉強のためにもいい参考になるんだ。」

開成中学三年生、学生服をキチンときてキビキビした好少年だった。マンボにくるい桃色遊戯にふけるタイプではない。

もう一人当たってみた尾崎雅敏君（慶応高校一年一七才）の愛読の理由はこうだ。

「科学が好きなので、〝航空情報〟〝世界の艦船〟などからはじめて、〝丸〟に進んだ。映画の〝あゝ江田島〟もみたが、あの海軍生活の、規律で行動するところは、キレイですてきだなと思った」

やはり、学校では成績の良さそうな、怜悧そうな少年である。マンボ族ではない。[23]

戦無派の少年世代にとって、学校では教えてもらえない戦記やメカニズムといったミリタリー・カルチャーは、「主体的に得る知識」、すなわちある種の「教養」や「知識」であった。そして、それらを全般に扱う雑誌『丸』は、教養メディアであった。実際、当時の『丸』の読者欄には、「戦争を知らないわれわれにとって、戦争の歴史の一時点にあたかも自分が直面しているような緊張感をだきながら、〝戦争の実体〟をうけいれることができるのは「丸」によってのみ可能である」[24]という旨の投書が寄せられている。

戦記やメカニズムが「教養」たり得たのは、一九五〇年代後半における過去への郷愁と現代社会への批判が一体となった戦記受容を後背としていたためである。先述したように、特攻を含む勇壮な空戦記は、「マンボ族」が氾濫する「堕落した現代」との対比において、「殉国至誠」を掲げた軍隊社会の「規律で行動する過去」を省みる心性のもとで読まれていた。

「戦史」としての戦記

先に挙げた「週刊文春」の同記事内では、「現代少年のタイプには、一方の極にマンボ族があり、一方の極に戦記族がある」と綴られている。[25]少年世代にとって戦記雑誌『丸』を読むことは、「堕落した現代社会」の象徴「マンボ族」とみなされないためのポーズであった。

と同時に他方でそれは、盛んに「反戦」を説く教師への違和感、いわば反学校文化でもあった。『丸』の読者欄でも実際、特攻に触れながら、次のように教師を批判する投書がみられる。

> 神風特別攻撃隊についての安延中佐の所論は、まことに傾聴に値します。特に、占領軍の日本弱体化政策およびこれに便乗した物知り顔の先生たちによって指導され、愛国心を忘却している人々に読んでもらいたい。[26]

「物知り顔先生」が説く歴史観を「受動的」に教えられるのではなく、体験者によって綴られた戦記としての歴史観を「主体的」に選びとることで、少年世代は「自発的に歴史を学び、今の社会を考えるエリート」としての自覚を持ち得た。つまり、「マンボにくるい桃色遊戯にふける」不良でもなく、かといって「日教組に染まった」教師のいうことだけをきく優等生でもない、「主体的」なエリート意識を充足させる機能を『丸』は果たしていた。

こうした少年たちの反学校文化としての『丸』を読む心性を、『丸』の編集部側も救い上げていた。『丸』一九六五年二月号の編集後記では、次号の特集「日本の百年戦争」の予告として、『丸』の「歴史観」を編集部の野沢正は次のように言明している。

1960年 3月号	ドイツ海軍の最後：壮絶悲壮ナチス艦隊の奮闘と最後
5月号	連合軍対独戦記・ベルリンへの血み泥の道：暗黒の欧州を吹きまくった戦乱の7年
1961年 4月号	独ソ戦戦記：世界を震撼させた独ソ決戦の全貌
1962年 5月号	ドイツの軍艦：世界を震撼させたナチス全艦艇の秘密
1963年 7月号	ドイツの戦艦：ポケット戦艦から12万噸戦艦までのメカニズム
1965年 4月号	狂ったナチス：20世紀最大の怪奇・独裁者かくて没落せり
1966年 5月号	ナチス大作戦：世界一の闘争心を秘めたドイツ欧州戦記
1967年 7月号	ヒトラーの戦い：第三帝国の台頭から滅亡までの豪壮悲劇の大ドイツ戦史
1969年 6月号	対独戦記：ヒトラーと戦った7年間
1971年 5月号	ヒトラーの戦い：大西洋海戦記
1972年 5月号	欧州戦争名将伝：ヒトラーと将軍たち
7月号	名戦闘機列伝：ドイツ空軍の全貌
1973年 3月号	戦車王国興亡史：ドイツ機甲軍団の全貌
1981年 5月号	ヒトラーはなぜ敗れたか：対ソ戦の全貌

表3-4 『丸』ドイツ軍関連特集一覧（1956-1982年）

誰がなんといっても、日本には尊皇攘夷から太平洋戦争まで、ながいながい戦争の歴史があった。そしてこの戦争の歴史すなわち日本の歴史があった。政治、思想、世相、軍閥、そして、戦略、戦術の変遷から陸海空新兵器の登場まで、この百年の戦争を舞台としたドキュメントを興味深くまとめたのが、次号のトップ特集。学校の教科書にもない真実の史料を採り入れてあり、とくに明日の日本を築くべき真面目な青少年は、必ずごらんねがいたい。[27]

学校で教えられる教科書や教師の説く歴史観ではなく、『丸』に掲載される戦記やそこで提示される歴史観こそが、「明日の日本を築くべき真面目な青少年」を自認する読者にとっては「教養」として「主体的に選びとった戦史」であったのである。「学校の教科書にはない」事柄が強調された『丸』では、教育界などではタブー視されていたナチスドイツやヒトラーの話題も積極的に取り上げられた。一九六七年七月号でも「ヒトラーの戦い」という特集のもとで、東京女子大学教授・千足高保と評論家・嬉野満州雄による「特別対談　ヒトラーの時代　あの日あの時」や戦史家・中野五郎「独裁者ヒトラーの再検討」などが掲載された。同号に対し、一七歳の読者より次のような感想を述べている。

七月号に載ったヒトラーの内容は、必ずしもヒトラーを狂人あつかいせず、客観的に見ている点一歩も二歩もの進歩があると思う。敗れたものに対する同情ではないが、彼がこのように戦争をひきおこすまでになった時代背景をもっと、よく考えてみる必要があるのではないだろうか。〝平和を欲するならば戦史を正しく理解せよ〟ということばをかみしめるべきではないだろうか。[28]

学校教育などとは異なる扱われ方にこそ、少年読者たちは『丸』に「戦史」としての意義を見出していく様子が見て取れる。旧日本軍や兵器、ナチスドイツなどタブーとされる対象こそが魅力を帯びたのである。一九四五年に生まれ、ベトナム反戦運動にも参与した弁護士・内田雅敏は、中学生時代に『丸』を愛読し、クラス内で「戦史の権威」となったことについて次のように回想している。

中学校二年生のときのことだ。担任の教師が何かの機会に、今の若者はマンボ派とマル派に分かれると語ったことがあった。マンボとは踊りのマンボ、つまり「軟派」のことであり、マルとは戦記ものを連載していた雑誌『丸』(現在でもあるようだが)、つまり「硬派」のことである。この硬軟両派の分け方が正しかったとは思わない。しかし、当時はそう思った。そして自分は断然硬派だとして雑誌『丸』を購読した。戦争の実態、悲惨さを体験したことのない子供にとって戦艦や巡洋艦、駆逐艦が活躍する海戦、戦闘機同士の空中戦が面白くないはずがない。たちまち虜になり、どこの海戦で日米のどの軍艦が闘い、どちらが沈んだということをすらすらと口に出すことができるようになってしまった。[29]

「戦史の権威」を自負する丸少年は、硬派な学生としてのエリート意識を持っていた。「学校の教科書にはない真実」という強調も、『丸』に掲載される「戦争の歴史」を「教養」や「知識」として捉える少年読者の態度によるところが大きい。『丸』を読むことがある種の教養体験だったがゆえに、徐々に『丸』におけるミリタリー・カルチャーの規範は、先述したような一九六〇年代の少年マンガ誌における「戦争もの」でのメカニズムへの興味関心とは異質なものとなっていった。実際、ある少年読者は、次のように『丸』に「戦争マンガ」との差異化を求める。

ちかごろ子供の本の中に戦争マンガがいろいろ書いてありますが、みんな戦争の勇ましいだけのように書いていています。本誌は真実のことをかいて正しいことをぼくらにおしえてください。[30]

『丸』の編集部自身が「正しい戦史、真実これが一貫した編集方針である[31]」と語るように、『丸』におけるミリタリー・カルチャーの規範とは、あくまで「真実」としての「歴史」に根ざしたリアリティである。少年マンガ誌を入り口として『丸』を読むようになった読者も、『丸』で提示される規範を内面化すればするほど「正しい戦史」を求めるようになり、結果として少年マンガ誌からの卒業を志向するようになる。

「科学」としてのメカニズム

「正しい戦史」というようなリアリティの追求は、やがてメカニズムへの関心にもつながることとなる。読者欄では、次のような投書がみられる。

従軍記などといわれるものにはとかく誇張や感傷的なものがおおい。わたくしは、そうした主観的な記事より、事実にそったより客観的なもの、あるいは軍艦、飛行機などについての技術的な面からみたものがほしい。

さいきんの記事はその点たいへんよくなつてきていると思う。[32]

「事実にそったより客観的なもの」を求める志向は、「軍艦、飛行機などについての技術的な面」への関心へと接続していった。

それゆえに、こうしたリアリズム志向は、科学的で合理的な「海軍史観」と極めて調和的であった。「海軍史観」については、吉田裕の戦記研究が詳しい。吉田によると、阿川弘之『山本五十六』（新潮社、一九六五年）などの一九六〇年代における海軍を扱った戦記小説のブームを端緒として、「粗暴で精神主義的な陸軍の対極にある存在」として「海軍軍人と海軍という組織の自由主義的で合理主義的な体質」が強調されていったという。[33]

『丸』を発行する潮書房も、一九六〇年代の出版界におけるこうした「海軍ブーム」に棹さし、一九六六年には書籍部を独立させ、姉妹会社として新たに戦記出版に特化した光人社を設立している。その光人社第一号の出版物こそ、実松譲『米内光政』（一九六六年）であった。「米内最愛の元秘書官」による同作品について、『丸』に掲載された広告では阿川弘之も「私が次にペンを執るなら、米内光政いがいにかんがえられませんね」とコメントを寄せるなど、『丸』を刊行する潮書房および光人社は「海軍ブーム」を意識した出版を行っていた。[34]

図3-6 「出版だより『米内光政』」（『丸』1966年6月号）

こうした状況下で、『丸』の誌面において、何よりも科学的で合理的なものとして見出されたのが、他でもない兵器のメカニズムであった。ここまで紹介してきた一九六〇年代における『丸』のメカニズム欄の増加傾向は、戦記を「教養」として読む少年世代が、その過程で兵器のメカニズムに「科学」を見出したことによる部分が大きい。先述したように零戦や大和の特集が定期的に組まれ、堀越二郎の寄稿が繰り返し掲載されるなかで、「零戦」を特集した一九六一年二月号の編集後記では以下のように述べている。

> 零戦を知らずして、飛行機を語るなかれ。世紀の名機、零戦を特集すること、これで三度目であるが、いまだに前二冊のバックナンバーの注文はひきもきらず、空の零戦と、海の大和級は、太平洋戦争における日本科学の結晶として、いまでは、青少年層の信仰の的ともいえるものである。(35)

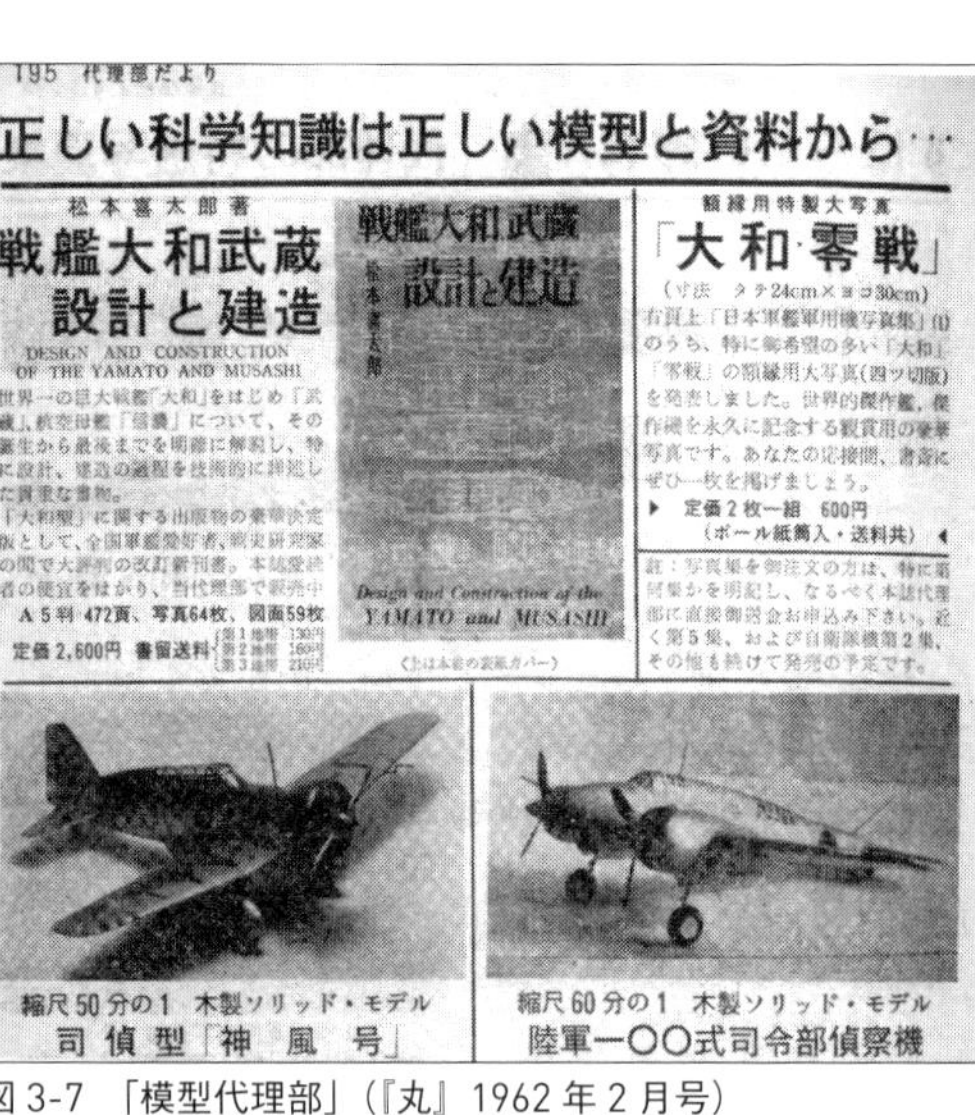

図 3-7 「模型代理部」(『丸』1962 年 2 月号)

青少年層にとって、零戦や大和といった兵器はまさに「日本科学の結晶」であった。そうした兵器のメカニズムに着目する『丸』は、模型販売においても「正しい科学知識は正しい模型と資料から」(36)と謳い、そして『丸』自身もやがて「新形式の科学雑誌」(37)と自己定義するようにもなる。「科学」らしさを強調するために、代理販売ページやプレゼント欄には、ミリタリー模型とともに望遠鏡や顕微鏡、トランジスタラジオなどが並列された。

教条的な「反戦平和」教育が抑え込もうとする戦闘機や軍艦への関心を、『丸』は「科学」として正当化してくれる存在であった。

「軍事」から「科学」への連想

こうした『丸』におけるメカニズム欄の充実にあたって重要な役割を担ったのが、野沢正である。[38]

一九一六年に生まれた野沢正は、幼少期より飛行機に惹かれ、模型工作や設計図を描くことに熱中していた。「少年技師」を自認していた野沢が飛行機の設計図づくりや模型工作を行うにあたって、重要な参照点であったのが、少年向け科学雑誌『子供の科学』（子供の科学社→誠文堂新光社、一九二四年―現在）であった。[39] 戦前の『子供の科学』では、科学知識や実験などとともに、近代的なメカニズムとしての乗り物（飛行機や艦船）と模型工作も主要なテーマの一つとして扱われていた。

戦時期になると、模型工作は「文部省が航空知識の普及、国防訓練の一端」のために「学校の総合的な科学教育に好適な教材として模型飛行機を採用」した「模型航空教育」として実践される。[40] 野沢自身も誠文堂新光社に入社し、模型工作から少年飛行兵の養成を説いた、陸軍航空本部指導による国策雑誌『飛行少年』の編集に参与するようになる。総力戦体制のなかで、「科学」教育が「軍事」面で動員されるとともに、戦争に役立つ「軍事」の知識が青少年に役立つ「科学」として読み替えられていった。

敗戦後も野沢は『航空ファン』（航空ファン社→文林堂、一九五二年―現在）の初代編集長として、航空模型を通した「科学知識の普及」を提唱した。

図3-8　野沢正（『風天ニュース』2001年11月20日号）

一九五九年に『航空ファン』の編集から離れ、『日本航空機総集』（日本出版協同）などの編纂をライフワークとして行いながら、『丸』一九六〇年一〇月号からは模型代理部の開設に伴って編集に関わるようになる。代理部の開設に際して、野沢は「科学模型」や「ソリッド・モデル」についての模型の解説を行っている。[41]『丸』の代理部において、戦闘機や戦艦の模型だけでなく、ラジオや望遠鏡、顕微鏡なども扱われた理由としては、野沢が歩んできた科学雑誌出版のキャリアも関わっていよう。

さらに一九六五年一二月から一九六六年一〇月号までの間は、奥付の「編集人」の欄に野沢の名が記されるなど編集の主導的な役割を担うようになる。当時出された出版業界向けの刊行資料『戦後二〇年・日本の出版界』（一九六五年）においても、潮書房の「編集代表」の欄には野沢の名が記載されている[42]。とりわけ、編集後記を一人で執筆するなど編集長として取り仕切った一九六五年一二月号では、メカニズム志向が顕著に示されている。野沢は自らの得意分野を生かし、特集「超音速空中戦」を企画した同号の誌面について次のように紹介している。

秋は飛行機が一層美しく見える季節である。碧い空に銀の矢が突っ走ったあとに、キーンという金属音が尾を引いていく。零戦や隼が飛んでいた同じ日本の空に、いまは超音速機が縦横に飛行機雲を描いている。たった二十年のうちに、世界の戦闘機は、ぜんぶジェット機にかわり、空中戦のやり方も、根本から変わってしまった。今月の「超音速空中戦」は、近代科学のうえに組織されたミサイル空中戦術の実体を明確に分析し、これからの立体的なロボット戦争のあり方を示唆している。

グラビヤの「近代戦闘機発達史」は歴史的なジェット機の生態を、秘蔵写真で回顧したもの。どの一枚にもジェット戦闘機の詩があり歌がある。戦後は飛行機ファンに贈るヒット曲と自負している。

多くの戦車ファンのために、今月号から「世界の戦車」を始めた。東西のあらゆる未発表新旧戦車を連載する、日本では初めての企画である。乞ご期待。

「造艦技術の全貌」は、これこそ本誌の使命をいかんなく発揮する日本軍艦史の決定版。後世に遺すべき貴重な資料であるから、必ず最後まで続けてごらんねがいたい。

各種メカニズム頁の内容は、まず日本と外国にわけ、さらに陸海空の新旧に分類して、もっとも必要適切にして興味あるものをピックアップしている[43]。

1965年　1月号	連合艦隊と海上自衛隊：海上自衛隊は強いか弱いかを旧海軍と比較する	高城肇
2月号	戦後名作戦記 100選：決戦の記録一挙掲載	
3月号	日本の百年戦争	
4月号	狂ったナチス：20 世紀最大の怪奇・独裁者かくて没落せり	
5月号	目撃者が綴る昭和旋風四十年（高木健夫監修）	
6月号	ベトナム戦線異常あり：現地取材記者が目撃した泥沼戦争の実態	
7月号	世界の侵略戦争を斬る（大宅壮一監修）：二十世紀のこの怖るべき真実を告発する	
8月号	国際謀略戦：世界をおおう「黒い霧」の正体を暴露する	
9月号	1965年版世界の戦力：その新鋭兵器と世界の危険な戦略態勢	
10月号	日本陸海軍の総決算：陸海軍高級士官達の胸底に秘められた20年の真相記録	笠原昭三
11月号	日本海軍造艦技術の全貌：世界造艦史上まれにみる軍極秘資料の初公開	
12月号	超音速空中戦：空中戦の常識を破ったミサイル戦法	野沢正
1966年　1月号	連合艦隊勝利の海戦記：艨艟千隻を誇る国民の軍艦奮戦史	
2月号	零戦と隼：その誕生から終末までの栄光	
3月号	零戦の敵：零戦と戦った米英ソ傑作期の解剖	
4月号	小艦艇奮戦記：大艦の栄光を支えた下積み小艦艇の奮戦	
5月号	ナチス大作戦：世界一の闘争心を秘めたドイツ欧州戦記	
6月号	ミステリー第二次大戦	
7月号	英国の戦艦：戦艦でたどるロイアル・ネービィ 50年史	
8月号	現代の名戦闘機列伝：現代列強のトップ・クラス戦闘爆撃機のすべて	
9月号	現代名軍艦列伝：米英独ソ仏日／世界の新鋭軍艦〝極秘情報〟	高野弘
10月号	東西撃墜王物語：第一次大戦からベトナム戦争まで感動の大特集	
11月号	世界の軍神：戦争の時代に生き散華した国民の英雄	
12月号	日本海軍 50年史：明治、大正、昭和――連合艦隊三大記	

表 3-5　野沢正編集長時代前後（1965-1966年）の特集一覧、右端は編集長名

誌面構成において航空機、戦車、艦船といった「各種メカニズム頁」の充実を図る様子は、まさに野沢の面目躍如といえよう。航空機や模型工作を「科学」という文脈に位置づけてきた野沢が編集に携わるなかで、『丸』においても戦闘機の解説やミリタリー模型には、科学雑誌からの系譜のなかで「科学」としての意味が付与されていった。「軍事」に関わるメカニズムが「科学」として強調されたのである。

ただし「科学」の強調は、少年たちが零戦や大和に日本のナショナル・アイデンティティを投影させることにもつながった。塚田修一は、戦後の大和に関する言説を検証し、大和が高度成長期において技術立国の象徴として祀り上げられ、「敗戦国民のプライド」を慰める「拠り

所」となっていった状況を明らかにしている。[44] さらに塚田の議論を踏まえつつ、一ノ瀬俊也も当時の『マガジン』などの少年マンガ誌や高城肇が手掛けた児童向け図鑑を検証しながら、大和を「神」のように讃える「最強神話」が形作られ、「無害でカッコイイ」戦争観のアイコンとして少年たちに消費されていったと指摘する。[45]

少年たちが大和や零戦のメカニズムを愛好するための総本山となっていた『丸』が、こうした神話形成の一翼を担ったことは疑い得ない。野沢正の後に編集長の座に就いた高野弘は、「「おたくは旧海軍と何か特別なご関係でも？」と声をかけられて思わずハッとすることがある。その度に〝連合艦隊・零戦の栄光〟にいささかオンブしすぎたかと反省することしきり」と述べている。[46] 読者の獲得という商業的な思惑も含めて、「科学技術国家」神話を象徴する零戦や大和は、少年たちを魅了するコンテンツとして一九六〇年代の『丸』では積極的に取り上げられてきた。

もっとも、メカニズムへの関心が、必ずしもナショナルな心性とすぐに結びついたわけではない。むしろ一九六〇年代初頭においては、「世界の戦艦」（一九六〇年八月号）や「世界名戦闘機列伝」（一九六二年四月号）など欧米列国の戦闘機や軍艦に関する特集にも多く組まれたように、機体の性能や造形美を突き詰めたメカニズムへの関心は国籍を超える可能性にも開かれていた。だが、その一方で欧米との対比のなかで、日本機としての零戦や大和への自負心が見出され、「最強神話」へと転化していく面も同時にあったといえよう。

「平和を欲するならば、戦争の真顔を」

戦記とメカニズムの同居は、「教養」や「知識」として見出す態度が作動することによって成立していた。青少年世代の読者は、戦記や兵器への関心を正当化するために、「教養」や「知識」として知的な意味を付与したのである。当時の読者欄には、一五歳の読者からの、以下のような声が掲載されている。

わたくしたちのように戦争を直接体験していなかったものにとって、本誌はたいへん参考になります。この雑誌がいつまでも戦争というものの知識のカテとして隆盛しますように。[47]

エリート意識を持つ少年世代は『丸』を読むことで「明日の日本を築くべき青少年」としての「知識」を得ようとしていた。その意味で、『丸』を通した戦記やメカを教養として捉える規範は、いわばミリタリー的教養の規範といえよう。

もっとも『丸』だけが、ミリタリー的教養の規範を醸成する媒体であったのではない。むしろ、先述の『丸』と相互参照関係にあった少年マンガ誌のように、さまざまなメディアが交錯するなかで、戦記やメカニズムが「学ぶべき知」の対象として見出されていったといえよう。例えば、坂田謙司「プラモデルと戦争の『知』」で詳述されているように、プラモデルもまた少年世代にとって戦争の「知」を媒介するメディアであった。[48] プラモデルには兵器としての「かっこよさ」が求められ、戦争の結果としての「人の死」は完全に捨象される。しかし、プラモデルにも兵器の火力やそれに基づく戦史などの「戦争の知識」が埋め込まれており、それらは小松崎茂が描く外箱の挿絵や戦記マンガのイメージと交差しながら、「反戦・平和」とは異なる、もうひとつの戦争の「知」が編成されてきたと坂田は指摘する。実際、『丸』においても、戦闘機や軍艦の模型が「科学知識」の教材として広告されていたのは、先に見たとおりであり、編集後記においても「最近プラモデル愛好者や兵器ファンの間でも、「丸」の人気が上昇している」と綴られている。[49]

『丸』の編集部の側でも、先述したように「正しい科学知識は模型と資料から」と位置付けるなど、戦記は「戦史」として、兵器のメカニズムは「科学」として、学ぶべき「教養」や「知識」に読み替えられていった。この読み替えの背後には、先述したような教条的な平和主義論への拒否反応として、「事実」としての戦争・軍事に関する知識を積極的に選び取ろうとする心性があった。こうした「事実」志向の下で、「戦争を知らねば、平和は語れない」という規範が『丸』を通して共有されていく状況が見て取れる。高城は編集後記において次のように綴っている。

本誌は、昭和三十一年の四月号から第二次大戦を中心とした、戦記、戦史と真剣に取り組んでいまや一〇〇冊に及んでいる。その間約五年、一口に五年といってもそれはけして生やさしいものではない。私が戦記、戦史に本腰を入れたころ、多くのジャーナリストたちは、

「右翼だ、軍国主義者だ！」

という罵りと蔑みの言葉を私に浴びせかけた。私は歯をくいしばつてバリ雑言にたえた。

「真に平和を欲するならば、戦争の素顔をもつともつと知らなければならない」

これが私の信条であった。(50)

高城が敗戦の屈辱やみじめさ、そして戦死した仲間への負い目に基づく敗戦体験によって戦記出版へと駆り立てられていくようになったのは、前章で見た通りである。しかし、『丸』と高城に対しては、「右翼、軍国主義者」というラベリングがなされた。

こうした「右翼、軍国主義者」とみなされるなかで、高城は「真に平和を欲するならば、戦争の素顔を知らなければならない」という態度を形成していった。そして高城の敗戦体験に基づく標語は、やがて「丸少年」たちが兵器メカニズムへの関心を正当化するための拠り所となっていく。

大人への抵抗

『丸』の青少年世代への人気に、大人たちのなかでも児童文学界は批判的なまなざしを向けた。児童文学研究者の

鳥越信は、当時『児童文学と文学教育』と題し著書のなかで「少年雑誌の戦記ブーム」と絡めて「雑誌『丸』の人気上昇」と「メカニックなものへの興味」を取り上げ、「ファシズムを賛美するもの」であり、「このまま放っておけば、確実にそれは戦争につながっていく」と警鐘を鳴らした[51]。「日本子どもを守る会」常任理事で児童文学評論家の菅忠道も「少年週刊誌は、復活しつつある軍国主義のきわめて複雑な関係の扇のカナメになっている」と、プラモデルの人気を以下のように指摘している。

兵器のメカニズムの美しさや模型製作の機能と、戦争のカッコよさとが結びついて、この圧倒的な人気の高まりを生みだしていることは疑いないが、ここで大きな役割を果たしているのが少年週刊誌の兵器解説なのである。年長の少年たちは専門的な戦記・兵器雑誌「丸」の愛読者になるのだが、その入門的な手引き――といっても、かつて従軍した体験のある人たちさえもちあわせていないような知識――を、これによって注入されるのである。しかも、このプラモデルを、少年週刊誌では「プレゼント」という名の割引販売の対象にし、雑誌に刷りこんだ引換券を添えて申し込ませるように大宣伝している[52]。

児童文学界は『丸』や少年マンガ誌について、戦争の「カッコよさ」ばかりが強調される様子に危惧していた。『丸』の誌面上でも、戦争体験者から「最近の本誌は戦争がどんなものかであるかを全く知らない若い人たちに迎合し、ただ過去の帝国軍隊や兵器の優越性を繰り返し強調しているに過ぎない」との批判の声も寄せられている[53]。

図 3-9　鳥越信『児童文学と文学教育』(1971 年)

だが『丸』の読者たちが述べるのは、むしろ大人たちが説く「反戦平和」教育への違和感であった。当時の読者欄には、「ぼくは戦争を知らない。大人にきいても、ただ「戦争はイカン」であった。これでは何もわからない」という声が綴られている。[54] そこには、少年たちが抱く戦記やメカニズムへの関心を、大人が教条的に封じようとする姿が浮かび上がる。評論家の小阪修平も「丸少年」を自負していた一人である。一九四七年生まれの小阪は、少年時代を次のように回想している。

平和や進歩などの価値づけられたことばを中心に戦後民主主義を信じていたわけではなかったようだ。というのは、いっぽうでぼくは『丸』少年だったからだ。『丸』はいまでもつづいている戦争・軍事雑誌で、当時は太平洋戦争の戦史物が多く掲載されていた。[55]

「丸少年」は、大人たちから非難されればされるほど、抵抗するために戦争についての知識を収集していった。こうした大人への抵抗は、小阪のように大人たちが説く戦後民主主義を問い直すための全共闘運動へ参加する学生の一部とも連なっていったのである。

第四章　総合雑誌化の兆し——一九六〇年代後半

保守論壇への接点

『丸』を読む当時の青少年読者としては、先述した全共闘運動やベトナム反戦運動に参画していった小阪修平や内田雅敏がいる一方で、軍事評論家の江畑謙介（一九四九年生まれ）と政治家の石破茂（一九五七年生まれ）などもいる。

江畑謙介は、湾岸戦争時のテレビ解説者として脚光を浴びた軍事評論家である。二〇〇九年に亡くなるまでに軍事や国防、安全保障に関する著書を三〇冊以上も執筆した江畑は、『丸』にも長らく軍事兵器のメカニズムに関する話題を中心に寄稿していた。『丸』での初出は一九六七年六月号に遡り、一九四九年生まれの江畑にとっては、まだ一八歳に過ぎなかった。[1] その後、テレビ解説者として注目を集める一九九〇年までに延べ六八本を寄稿しており、その意味で、『丸』は江畑が軍事評論家としての土壌を築いていった媒体でもあったといえよう。

図4-1　江畑謙介（『朝日新聞』2009年11月21日夕刊）

また石破茂も序章で紹介したように、少年時代から『丸』の読者であったことについて言及している。[2] 石破が説く「現実的な防衛を知れば知るほど、骨太な平和主義が必要になります。知らない人は何だって言えます。軍事を語る時には、最低でも、その船や飛行機や戦車がどのような性能を持ったものか知っていないといけません」という論法も、一九六〇年代の『丸』に見られるミリタリー的教養に素地が見られる。[3]

『丸』の「現実的な防衛」としてのメカニズム志向は、「反戦平和」への違和感を通奏低音として、その後確立されていく保守論壇との回路としての機能も果たし得たといえよう。『諸君!』(一九六九年創刊)、『正論』(一九七二年創刊)といった保守系オピニオン誌が創刊される以前には、「革新幻想への解毒剤」として『丸』は保守的読者層の受け皿にもなり得ていた。(4)

同時代の雑誌界に目を移すと、進歩的な戦後民主主義を相対化する誌面傾向は、『丸』だけに見られるものではない。先述したように『週刊少年マガジン』をはじめとする少年マンガ誌では、戦記マンガや軍事兵器の解説といった「戦争ブーム」が一九六〇年代初頭には過熱していた。また論壇においても、『中央公論』では高坂正堯や後述する林房雄らの登場によって、国際政治の「パワーポリティクス」を前提に軍事力や安全保障の重要性を強調する「現実主義」論調が際立っていった。(5)他方で、『文藝春秋』も一九六〇年代に入って、「成熟した大人」=「保守」という意味での高威信職に就く中高年層からの支持を得るようになっていった。(6)

こうした一九六〇年代における雑誌界の状況を踏まえると、戦争に関心を持つ「青年」層にとっては、「中年」の読む『文藝春秋』は懐古趣味的で、また国際政治論を中心とした『中央公論』では敷居が高いが、かといって「少年」の読む少年マンガ誌では物足りない。そのため、戦記や軍事兵器の「かっこよさ」を満たしつつ、その関心を学ぶべき「教養」に変換してくれる『丸』こそが、「青年」層にとっての「バイブル」となったのである。そこには、一九六〇年代の戦争観をめぐる雑誌の布置関係が浮かび上がる。

戦争を語る総合性

しかし、一九六〇年代の『丸』は、単に保守系論壇に回収されたわけではない。むしろ、あらゆる戦争の「知」を提示しようとする過程で、保守的な態度とは異なる思想や世代的な価値にも開かれた言論空間となっていた。

そうした総合雑誌としての性格は、具体的には同時期の論壇で活躍する著名な知識人・文化人からの寄稿に基づいた時局の解説欄や論稿の特集記事などに見て取れる。先述したように、一九五〇年代末からの現代社会批判として戦記が受容されていた。そうした誌面の傾向において、一九五九年一二月号よりコラム欄の中に国防や軍事の関心から時局の政治を論じる「日本の焦点──明日の日本のために」が創設された(7)。同欄は「発展的解消」という形で、一九六四年一二月号より「随想・昨日今日明日」に拡張された。その企画の意図が、編集後記では以下のように綴られている。

> この欄は、日本を代表する各分野の文化人、著名人に現代の資となるような一家言をお願いすることになろう。その声咳に触れて、われわれの視野にいっそうのひろがりをもちたいものである(8)。

「日本を代表する各分野の文化人、著名人」に「お願いする」というように、同欄には「評論家」や「作家」を中心に、橋川文三などまさに論壇の著名人の名も見られる。一方で、特撮監督で有名な円谷英二が戦争体験を綴り、政治家や漫画家、落語家など様々なジャンルの「著名人」が登場する同欄は、さながら創刊当初の「近代人のトピック誌」を想起させる雑多な内容でもある。

そして、この総合雑誌的誌面の最たるものが、戦後二〇周年となる一九六五年八月号に組まれた「大特集 戦争はなぜ起るかに関する四五の疑問に答える」という企画である。同

平和を創造するためのナゾ 72

第四部 平和を創造するためのナゾ

人類はなぜ戦争が好きなのか

大宅壮一

73 平和を創造するためのナゾ

真実の平和がなぜえられないのか

柳田謙十郎

図4-2 「大特集　戦争はなぜ起るかに関する45の疑問に答える」(『丸』1965年8月号)

特集は、当時勃発していたベトナム戦争を意識した第一部の「アメリカの中のなかにあるナゾ」から、冷戦構造を踏まえた第二部「アジアの中にあるナゾ」、そして戦史としての第三部「過去の教訓の中にあるナゾ」、最後に今後の展望としての第四部「平和を創造するためのナゾ」という計四部構成で、まさに「昨日・今日・明日」の戦争と社会のあり方を考えるものとなっている。総勢四五名の論者の中には、ダイジェスト誌時代の『丸』にも登場し、この当時「マスコミの王様」として君臨した大宅壮一も含まれている。その他には、進歩的文化人として平和運動にも参画していた「文学博士・日本平和委員会」の柳田謙十郎や、前章でも述べたわだつみ会の要職も務めていた当時「東京大学助教授」の山下肇、またダイジェスト誌時代の『丸』に関わっていた丸山邦男などの名も見受けられる。[9]

このように複数の論調が並列される誌面構成にこそ、総合雑誌の「総合性」たらしめる面があるとすれば、その意味では当時の『丸』はまさに「総合性」を有した雑誌であったといえよう。『丸』の総合雑誌としての性格こそが、読者の戦記やメカニズムへの関心を社会的な文脈につなぐ回路を担保していた。論壇で活躍するような知識人の論稿と共に掲載されるがゆえに、戦記やメカニズムは「教養」や「知識」としての色彩を帯びた。

51 人類が遺跡となった日

特別SF読物

人類が遺跡となった日

小松左京

え・久里洋二

図 4-3　小松左京「人類が遺跡となった日」(『丸』1965 年 3 月号)

ＳＦ未来戦記と「戦争の傷」

非体験世代を取り込むなかでは、「先の戦争」を扱う戦記だけでなく、「未来の戦争」を描いたＳＦも積極的に取り入れられるようになる。その先駆けは、小松左京「人類が遺跡となった日」（一九六五年三月号）であった。「第三次大戦後の地球」の「未来」を描いた小松の作品は、「大特集日本の百年戦争」のなかで、『大東亜戦争肯定論』で当時注目された林房雄の「百年戦争をどう考えどう生きるか」、軍事兵器を解説した「生きている戦争兵器」などとともに掲載された。それまでの誌面の基調とはやや異質にも映るが、ＳＦを取り込んだ意図を編集部は以下のように説明している。

今号「ドキュメント特集・日本の百年戦争」のしめくくりとして、ＳＦ界の第一人者小松左京氏に登場していただいた。第三次大戦は必ず起こる、という予言が、もし不幸にして適中するようなことになれば、かくやと思われる〈第三惑星〉最後の姿が万華鏡の如く浮かび上がっている。まさに機智とアイロニイの中から、悲しいばかりの教訓が胸を打つ。[10]

「過去」の戦史、「現在」の兵器、そして「未来」のＳＦが「日本の百年戦争」として同一線上に扱われた。まさに戦争を総合的に捉える姿勢を象徴する誌面構成のなかに、ＳＦが位置づけられたのであった。

その後も「ＳＦ未来戦記」として、一九六五年一二月号より一九六八年四月号までの間に、眉村卓、光瀬龍、今日泊亜蘭、高橋泰邦、福島正美などが担当した読切連載が掲載された。

そこでは、人間の植民地となった月を舞台とした宇宙戦争（眉村卓「敵は地球だ！」一九六六年一月号）や、第二次大戦で勝利した日本とドイツによる第三次大戦（光瀬竜「あかつきの谷間」一九六六年二月号）、日本軍の秘密兵器（今日泊亜蘭「幻兵団」一九六六年三月号）などのテーマが描かれた。読切連載の初回で未来の海洋戦争を

図 4-4　光瀬竜「読切連載　戦士たち　SF 戦記」(『丸』1965 年 12 月号)

描いた光瀬は、次のように述べている。

> 思いきってかなり遠い未来の戦争ものにしてみました。ある小さな海戦の一コマです。肉弾という言葉がまったく別なものとして戦場に登場してくるであろう時代のエピソードです。年少の、またはSFを読みなれない読者には不向きか、とも思われる架空メカニズムを登場させましたが、「丸」の大方の読者には理解いただけると思い、あえてそのまま使いました。冷酷無惨な未来戦の一端が表出されていれば、私の企図も果せた、というところなのですが——光瀬[11]

それにしても今から見れば一線級の著名なSF作家陣が、なぜわざわざ『丸』に寄稿したのだろうか。そこには当時のSF界の事情も深く関わっていた。『丸』にSF未来戦記が並んだ一九六〇年代、日本の出版界においてはまだSFというジャンルは黎明期であり、福島正美が初代編集長を務めた『SFマガジン』が一九五九年に創刊されたばかりであった。光瀬龍は当時の状況について「まだまだSFブームなどははるかに遠く、SFに対する偏見と無理解、そこからくるところの市場のせまさなどで、SF作家たちは悪戦苦闘をつづけていました」と回想している。[12]赤上裕幸も指摘するように、当時は小松左京でさえ、さまざまな仕事を掛け持ちすることで糊口をしのいでいたほどであった[13]。

ＳＦの地位がまだ十分に確立されたとは言い難い状況で、ＳＦ作家たちは書く場を模索していた。そうしたなかで、『丸』編集部の竹川真一が、光瀬らＳＦ作家たちに「偽似イベントＳＦ」としての未来戦記の企画を持ち掛けたのであった。「偽似イベントＳＦ」とは、「実際には起らない、あるいは起こらなかった事件を想定してドラマを作ることで」、『丸』という「雑誌の性質上、未来戦をテーマにしようというわけ」になったと光瀬は述べている[14]。一方で、『丸』におけるＳＦ未来戦記の執筆は、単にＳＦの市場拡大を狙ったものではなく、そこには作家たちの切実な問題意識も込められていた。『丸』に連載されたＳＦ未来戦記を後年徳間書店から書籍化するにあたり、光瀬は当時をふり返って「未来戦記」について以下のように述べている。

なんだか、未来戦記などというと、これを書いたＳＦ作家たちは好戦的で、反平和的な思想の持ち主であるかのように誤解されるかもしれませんが、そうではありません。

戦争という『限界状況』の中で、人間が何を考え、どのように行動するかというのは、生をどのように考え、死をどのようにとらえているかということになり、同時にそれは、それを描く作家自身にとって、おのれの精神を探求することでもあります[15]。

読み手である「戦争を知らない若い人たちにとっては、戦場の死の恐怖も、スリリングな風俗と化してしまった」と光瀬は嘆いている[16]。そうした読者の期待とは裏腹に、書き手であったＳＦ作家たちには各自が体験した深刻な戦争の記憶を背負いながらＳＦ戦記を描いていた。光瀬は一連の作品には「沈痛なムード」が漂っていたという。

作者たちはみな、あのいまわしい戦争を、その青春時代に体験しています。大本営発表や、Ｂ29による大空

図 4-5　光瀬龍（『光瀬竜』ラピュータ、2009 年）

> 襲。終戦の日。そしてついに還って来なかった友人たち。それらの記憶が、今も心の奥深い部分に消えない傷となって残っている人たちです。その心の翳りが、たとえ偽似イベントSFを書いていても、行間にうめきのように揺曳するのでしょう。それは、このアンソロジーには登場していない他のSF作家たちでも同じことです。
> 俗に、第一期と呼ばれる大正期の終りから昭和ひとけた生れのSF作家たちに共通しているものこそ、この戦争の傷といってよいでしょう。(17)

光瀬は日本のSF界を切り拓いた「第一期」の作家たちに通じる「心の翳り」として、「戦争の傷」があるという。たしかにSF未来戦記を担当した面々をみても、今日泊亜蘭（一九一〇年生まれ）と眉村卓（一九三四年生まれ）はやや年齢が離れているが、光瀬龍（一九二八年生まれ）をはじめ、高橋泰邦（一九二五年生まれ）と福島正美（一九二九年生まれ）は、いずれも戦時下のなかで青春時代を送った戦中派世代である。先述した安田武や藤原弘達ら戦中派知識人の説く戦争体験論とは別の形で、戦中派の情念が表現されていたといえよう。

このように核戦争・第三次大戦のリアリティに迫ろうとしたSF未来戦記には、第一期SF作家たちの抱えた「戦争の傷」が投影されていた。

SFのSはサイエンス（化学［ママ］）であるが、スペキュレーション（考察）のSでもあると思う。またFもフィクション（小説）だけでなく、ファクト（事実）の頭文字でもある。だから、コウトウムケイな夢物語を書き、それにチョッピリ化学（ママ）的な言葉をヤクミにくわえたようなものは、SFと呼べないだろう。その意味からいって、「丸」に執筆されている、光瀬竜氏や眉村卓氏のSFは、真のSFだと思う。[18]

図 4-6 「生き残り学徒兵座談会きけわだつみの声」（『丸』1960 年 6 月号）

SF戦記といっても荒唐無稽な「小説」として受容されたわけではなかった。光瀬らSF作家が自らの戦争体験を投影しながら、第三次大戦や宇宙戦争を描いたように、読者の方もまたSF戦記に起こりうる未来の「事実」を読み取ろうとしていたのであった。そこには、「戦史」としての体験記や「科学」としての機体の解説や設計図などと並列された、「戦争」を多様な方法で取り上げようとしていた当時の『丸』の誌面構成も関わっていた。と同時に、光瀬自身が「SF作家あえて自衛隊にもの申す」（一九六七年一二月号）のように、SF戦記の作品のみならず現実の軍事情勢についての評論も寄稿していた点も大きい。

戦争体験を伝えるアポリア

さまざまな「戦争」の要素が取り入れられていく一九六〇年代の『丸』の誌面上にあって、とりわけ目を引くのは、戦中派世代の知識人たちである。

『丸』において初めて戦中派知識人が大々的に登場したのは、一九六〇年六月号での「特集・学徒兵戦記」である。同号では、山下肇「戦争体験をいかに生かすべきか」を巻頭に、橋川文三、鈴木均、安田武らによる「生き残り学徒兵座談会きけわだつみの声」などが掲載された。

ここで登場している論客は、いずれも日本戦没学生記念会、通称わだつみ会における主要なメンバーである。福間良明が明らかにしているように、わだつみ会は、もともと一九四九年に刊行された戦没学徒の遺稿集『きけわだつみのこえ』の好調な売れ行きを受け、一九五〇年に東京大学協同組合によって結成された平和運動団体であった[19]。だが、運動に重きを置く同会の性格上、政党や学生運動の動向に左右される傾向にあった。原水爆禁止日本協議会などの平和運動が盛り上がる一九五八年には、共産党や全学連の党派対立の余波を受け、一度解散を余儀なくされる。その後、一九五九年に第二次わだつみ会として再結成された際には、そうした政党や学生運動に振り回された反省から、「政治運動への過剰な関与を抑制し、戦争体験そのものやそれに根ざした心情に固執しようとする姿勢」が強調された[20]。その中心を担ったのが、戦時期に戦場の最前線に派遣され、多くの戦死者を出した戦中派世代である。このように同世代の人間を多く失い、苛烈な戦場体験を有する戦中派世代を中心に構成された第二次わだつみ会は、反戦主義的な政治運動からは距離を置き、自らの戦争体験に根差しながら戦没者の「死」と向き合う態度を重視した。

ではなぜ、わだつみ会関係の戦中派知識人、いわば「わだつみ知識人」が戦記雑誌に登場したのか。その背景には、戦記ブームの盛り上がりがあった。先述したように一九六〇年代前後より、戦記ブームに伴って、勇壮な戦記や軍事兵器に憧れる少年世代が社会的に顕在化していた。こうした状況を踏まえ、座談会において司会の橋川が問題としたのが、「学徒兵の戦争体験」をいかに伝えていくかということであった。

「丸」の読者だって、四割くらいは中・高校生のようですが、いったいそういう中高生たちに、どうしたら僕らの体験をつたえることができるのか。いま、いわゆる「怒れる若者たち」とか、青年の好戦的ムードとかが問題となっていますが、それをとびこえて、もっと幼い者たちの生き方の問題までが問われはじめているのじゃないでしょうか。時代の「曲がりかど」にきて、僕らの体験がどう生かされるのか、生かされないまま生埋めになるのか、それが問われる最後的な機会がきているのではないでしょうか。(21)

「青年の好戦的ムード」が問題視される社会状況において、橋川ら戦中派知識人たちが危惧していたのは、彼らの戦争体験が「生かされないまま生埋めになるのか」ということであった。戦後一五年を迎えた一九六〇年において、『丸』を手に取る中・高校生のように戦争体験をもたない世代も顕在化し始めていた。橋川は、そうした「時代の曲りかど」のなかで戦中派の戦争体験が「どう生かされるのか」を問おうとしたのである。

なぜ戦中派世代はそこまで戦争体験にこだわるのか。そこには、彼らが戦争の最も苛烈な部分を経験したという自負と、そこで生き残ってしまったことによる後ろめたさがあった。福間良明や小熊英二の先行研究でも指摘されているように(22)、戦中派世代の彼らにとって二〇歳前後の青春期こそが、ちょうど戦時期に重なった。戦中派世代は、戦局が苛烈になる中で前線への最大の動員対象とされ、中等・高等教育をまともに受けられず、マルクス主義や自由主義に関する書物も手に取れなかった。そのため、皇国教育を相対化するような思想を得る術をもたず、上官の命じた軍務を誠実に遂行するしかなかった。敗戦後、結果的に戦争に協力してしまった戦時中の自己のあり方に恥辱と自責の念を感じるとともに、自分が生き残ったという死者に対する負い目やコンプレックスを抱えながら生きていた。その意味で、まさに戦中派世代の価値観の基盤には、彼らが経験した戦争体験があった。

しかしその一方で、戦争体験を伝えること自体には、それぞれ個別の体験が政治的なイデオロギーに流用されてしまうというアポリアを孕んでいた。橋川は次のように述べる。

僕らの体験というものは、ある共通の部分で結ばれていたと思うのです。ところが非常にむずかしいと思ったのは、かりに「わだつみ会」があるイデオロギーを持っている組織だとしますね、僕なんか、それに属している。ところが、自分でほんとうに言いたいことを書くと、かえってむしろ戦争の悲惨さとか愚劣さの中にのめりこんで、非常にきわどい発言をせざるを得なくなる。

真実というのは右翼左翼という形じゃつかめない。みんなせわしないものだから、戦争の悲惨な体験というものを図式で割り切っちゃうが、必ずしもそうじゃないんだ、そうじゃないんだ、と何度でも言いたくなるところにほんとうのものがあるはずなんです。おそらく「白鴎会」（海軍飛行予備学生第一三期生及びその遺族によって設立された白鴎遺族会―引用者）にしろ「わだつみ会」にしろ、それを伝えたい、それが政治的やイデオロギー的になってほしくない、とにかくこれだけは間違いないというものをめいめいが胸の底で感じていると思う[23]。

自らの戦争体験を「書く」、すなわち言語化する際には「戦争の悲惨さ」にのめり込んでしまい、それを受け取る側もせわしなく図式で割り切って、「政治的やイデオロギー的」に理解せざるを得ない。橋川をはじめ戦中派世代は、戦争体験を伝える際に伴うそうした困難を自覚していた。

戦争体験と戦闘体験

戦争体験をめぐるディスコミュニケーションに特に自覚的だったのが、安田武である。同座談会の中でも、上記のような橋川らの発言を受けて、戦争体験が若い世代に別のかたちで受容されていると以下のように述べている。

戦争を経験した者がそれを若い人たちにどう伝えるかという場合、方法がつかないということ、それから逆の立場から、もう今さら戦争体験でもないじゃないか、あいつらいつまでたっても戦争体験ばかりがずいぶん語られたというけれども、それは戦争体験じゃなくて、戦闘体験、戦場の手柄話なんだ。悲惨の場合でも、戦闘の中での悲惨さ、これでは若い人たちに救いがない。逆にいえばヒロイックな感情を植えつける。「紺碧の空遠く」を見てもそうなんだ。それではやはりほんとうの意味での体験は伝わらない。[24]

戦争体験を伝える「方法がつかない」と説く安田は、若い世代には戦中派の伝えたい「戦争体験」ではなく、ヒロイックな「戦場体験」が受容されている状況を批判する。戦中派世代の彼らが体験した「戦闘の中での悲惨さ」は、彼ら自身のなかでも整理がつかない断片的なもので、その「本当の意味」をうまく語り得ない。安田も戦場でソ連軍の狙撃兵が撃った銃弾が自らの耳もとをかすめ、わずか「十糎」隣にいた兵が即死する体験をしている。しかもそれは一九四五年の八月一五日であった。安田が生き残り、隣の彼が死んだのは「致命的な偶然」に過ぎなかった。[25]そこには「玉砕」や「散華」といったものなどないのである。だからこそ安田は戦死を意味づけることを拒否した。「致命的な偶然」を強いられ、戦死した死者の不在に向き合うことこそが、安田のいう「戦争体験」であった。

しかし、それでは「救いがない」ために、一九五〇年代以降の戦記ブームでは勇壮な「手柄話」としての戦記が前景化していた。従来の『丸』に掲載されてきた戦記も、坂井三郎の「大空のサムライ」に代表されるように「青空をかけのぼるゼロ戦や、白波をけたてて進む戦艦大和の雄姿」の物語であり、少年たちはその「悲しいほどに美しい詩劇の世界」に憧れを抱くのであった。[26]

同号の巻頭稿「戦争体験をいかに生かすべきか」を担当した山下肇も、こうした状況を危惧する。山下は冒頭に「この筆をとるにあたって、私はかなり考慮を必要とした」が、「考慮の末、あえて筆をとることの方が、私の果たす道であると思い」と苦渋の末での寄稿であることを強調している。[27]なぜ、山下は『丸』に寄稿することにそこまで「考慮」を要したのか。

戦争体験はいかに生かすべきか
—日本戦没学生の精神—

山下　肇

図 4-7　山下肇「戦争体験はいかに生かすべきか」(『丸』1960 年 6 月号)

> 私は現在こそ教師のはしくれだが、学徒出陣の当時は、学生を送る側の人間ではなく、私自身も送られていく学生の一人であった。いわば私は生き残りの一人であって、私の周囲の友人たちも多数戦没したのである。
>
> この人たちのことを思い、その思い出にふれる機会のあるたびに、私の胸ははりさけんばかりであって、この『丸』という雑誌に毎号のっているような写真や記事など、とうてい私には平静な気持でみていることができない。
>
> 軍艦も戦車も飛行機も、すべての兵器は私たちの愛する同胞たちの生命をうばい、また相手の国の人びとを殺して、人類を暗黒につきおとそうとする、血で汚された忌わしい道具だったのではないか。私は心の底から戦争を憎む。[28]

山下は、戦死者を思うと『丸』に掲載されているような勇壮な戦記や兵器のメカニズムに対しては「平静な気持でみていることができない」という。戦記雑誌の中で、あえて山下は「血で汚された忌わしい道具」というように軍事兵器への嫌悪感を隠さなかった。

とりわけ山下が危惧するのは、「戦後に生長して、戦争の恐しさや悲惨さや罪悪の現実を、本質的にはまだ知らない若い世代の国民が次第に数をましている今日」、戦死を美化するような映画作品などのメディアが「最近の日本の再軍備核武装軍事基地化の進行と軌を一にし」、日本社会が「逆コースを辿るおそれがある」ことであった。そうした時代状況にあるからこそ、山下は「戦没学徒の精神的遺産」である『『わだつみの声』に耳かたむけねばならない」と説いた[29]。

このように山下の談は、政治情勢を意識したものでもあった。山下が理事に就いた第二次わだつみ会は、先述したように政治運動からは距離を置き、戦争体験に固執するなかで戦没者の「死」に向き合おうとした。しかし一九六〇年当時の安保闘争にいたる市民運動の盛り上がりは決して無視できるものではなく、山下の論調も結果的に市民運動に歩調を合わせるような形となっている。占領以後の日本が米ソの冷戦構造に巻き込まれ、対共産主義の砦として、警察予備隊、保安隊を経て、一九五四年の設立された自衛隊などの軍備の整備や、アメリカ駐留軍の基地拡張などの動きを「再軍備核武装軍事基地化」として警戒する。こうした国際情勢における「逆コース」化の最中で、『丸』のような雑誌を通して若い世代が「戦争」に関心を抱くことに批判的な視座を山下は向けるのであった。

一九五〇年代からの戦記ブームでは、勇壮で、ともすれば戦死を美化するような「戦闘体験」ばかりが若い世代に受容されている状況に、戦中派世代のわだつみ会関係者らは危機感を覚えていた。そうしたなかで彼らは、あえて戦記ブームを象徴するメディアであった『丸』に登場することで、戦死の無意味さを直視する「戦争体験」の重要性を若い世代に訴えようとしていたのである。

六〇年安保と戦争体験論の換骨奪胎

この「特集・学徒兵戦記」が企画されるにあたって「戦争体験をどう生かすべきか」というタイトルは、編集部の方でも強く意識されていた。しかし、実は編者の側がそこで意図していたものは、上述してきたようなわだつみ知識人の問題意識とは異なっていた。高城肇は、同号の「編集後記」において次のように綴っている。

この号を編集するに当って私たちはいくつもの難問につき当った。戦争は二度とふたたび繰り返すべきではないということが自明の理でありながら、なにか私たちの胸に残滓（ざんし）がシコリのようにのこっている。それは、あの敗戦の日を境として、日本は武力を放キし、永遠に平和をまもる文化国家の建設をめざしたのであったが、その後の世界情勢のうつりかわりにともなって、ついに自衛力をもつにいたった、この事実に対して一部の人々の批判をうけ、非難の的になりつつ今日におよんだが、これが果して単純に非難をうけるべき事実であるかどうか、私たちは非常に疑問に思っている。[30]

高城は、戦後の日本が「自衛力をもつにいたった事実」を非難されることへの違和感から、山下をはじめとする戦中派世代の戦争体験論の特集を企画したという。これは一体、どういうことか。

この特集が企画された背景には、当時にわかに盛り上がり始めた安保闘争の影響が窺える。高城は、一九六〇年の安保改定をめぐる当時の議論を念頭に、「〝自衛力＝戦争〟の公式的な考えかたは、かならずしも妥当ではなく、それどころか、このような公式をふりまわして、目前の事実に目を奪われ、国家百年の計をなおざりにするようなことがあってはならない」と説く。[31]ここで高城は、「〝自衛力＝戦争〟の公式的な考えかた」を振り回す反戦平和主義への批判を試みようとしていた。

前章でも述べたように、当時の『丸』は、「戦争の真実」として戦記や軍事兵器に基づく戦争観を強調し、教条的な反戦平和主義へのカウンターとしての機能を担っていた。高城自身「戦争体験が貴重であればあるほど私たちは、その戦争の素顔を知り、この体験を生かして、新しい日本の建設に役立てるべきではないか」と語る。[32]つまり、戦中派世代の戦争体験は「戦争の素顔」を提示するための材料として流用されたのであった。

こうした文脈の下で、わだつみ知識人の戦争体験へのこだわりは、安保闘争下で「反戦平和」を唱え「自衛力」

を否定する左派的な議論との差異化を図るために、「新しい日本の建設に役立つ」「戦争の素顔」として換骨奪胎された。その意味で、わだつみ知識人が否認する戦争体験の政治的なイデオロギーへの流用が、『丸』の編集者の方では意図されていたのである。

83 百年戦争をどう考え どう生きるか　82

新春特別対談

百年戦争をどう考え どう生きるか

藤原弘達

日本人の手で正しく戦争史を書くべきときが来た！

林房雄

民衆の歴史はだれがつくるのか

ところ……冬の陽ざしがあふれんばかりの鎌倉市の一角。とき……昭和四十年が手招きできるほどの師走の下旬。そしてご両所は初顔合せながら名刺交換もなくやァやァの挨拶のみで、座がきまった途端に、滔々二時間、しゃべりまくった。司会はおかげでうろたえあわて、話のそれるのを懸念したが、さすがご両所、きめる所はぴたりときめる鮮かさだった！

〈つぎの戦争では日本は損をするよ……林氏〉

図4-8 「百年戦争をどう考えどう生きるか」(『丸』1965年3月号)

左派的歴史観への違和

『丸』において左派との差異化という色合いが顕著になるなかで、その後の一九六〇年代半ばの誌面には新たな戦中派知識人が登場する。その人物こそ、政治学者・評論家としてジャーナリズム界でも活躍していた藤原弘達である。藤原は東大法学部では丸山眞男の門下生として政治学を専攻し、東大卒業後は明治大学で政治学を教えていた。と同時に、ジャーナリズム界でも評論家として活動し、大宅壮一の「知遇をうける」なかで、テレビ出演も積極的に行う「タレント教授」の先駆として知られるようになる。とりわけ『創価学会を斬る』(日新報道、一九六九年)をはじめ当時「タブー」とされた創価学会批判を行い、大きな注目を集めていた[33]。

藤原は『丸』一九六五年四月号より「大東亜戦争損得論」を連載した。そのなかで藤原は、戦中派として戦争体験を基盤としながらも、安田や山下らわだつみ知識人とはまた異なる独自の戦争観を提示したのである。

そもそも藤原の存在が『丸』の誌面上に浮上したきっかけは、前号の一九六五年三月号での林房雄との対談企画「百年戦争をどう考えどう生きるか」であった。当時、『中央公論』において「大東亜戦争肯定論」を連載していた林との対談の冒頭、高城と思われる『丸』の編集部は以下のように企画主旨を説明している。

われわれは、長い間、戦争の記録と取り組んできたんですが、その期間に必要上から、日本の近代、現代史を調べてみると、戦後発表されたものの大部分が、いわゆる左翼グループに属する歴史家諸氏によって書かれている。それが正しいものであるなら、左翼も右翼もなく結構なことなんですが、どうも一方的な立場からばかり書かれている。歴史というものは、それぞれの立場や、政治的な観点や、意図から書かれるべきものでないと思うんですが、残念なことに左翼グループの歴史家諸氏は、意識的にか、無意識にか、それを平然とやっている。やっていても、それがメシのタネであるだけなら看過することもできるんですが、その一方的な歴史、いや偏見が、真実の歴史であるかのように、現在の青少年層のあいだに信じられかけている。これはどこかでなんとかしなければならん。そう考えていたところへ、林先生の「大東亜戦争肯定論」が出た。そこで今日は、戦後の、その偏見と真実の歴史の谷間を、思う存分うめていただきたい。戦後も、二十年たったいま、われわれ日本人の歴史は、われわれ日本人の手によって、もう正しい評価があたられていいんではないか。その意味で、日本の現代史研究は、この対談から一つの新しい出発点をみつけてほしい。(34)

『丸』の編者が抱く「左翼グループ」の歴史観への違和感から、「偏見と真実の歴史の谷間」を埋める意図の下で同対談企画が組まれた。この対談のなかでは、「日本人の手で正しく戦争史を書くべきがきた」と左派的な見方とは異なる戦争観のあり方を提示しようとする姿勢が見られる。(35)

一九六〇年代の日本社会における戦争認識については、吉田裕や福間良明らの先行研究でも指摘されているように、相反する二つの評価が存在していた[36]。

一方では、小田実『「難死」の思想』に代表されるように、ベトナム戦争に対する反戦運動の盛り上がりを背景に、加害責任の直視、「被害」の先に「加害」を見つめなおすものがあった。

他方で、高度成長期においてナショナル・アイデンティティを回復しようと、まさに林房雄『大東亜戦争肯定論』のようにアジア太平洋戦争における日本の侵略性を否認し、アジア諸民族解放のための戦争として正当化しようとする論調があった。こうした林の目には、『丸』という雑誌自体も戦後の「完全な空白の中で」「国民意識の真空充填作用」を果たしていたもの、すなわち林の論調と合致する存在として映っていた[37]。

新・連・載

大東亜戦争損得論

―大東亜戦争は果たして損ばかりだったか―

藤原弘達

藤原弘達氏をガラッ八先生、無法タツとよぶ人がある。たしかに笑えば哄笑、うたえば蛮声型に違いはないが、その毒舌ぶりは人の意表を衝き、深奥をえぐって「寄らば斬る」的凄味がある。

本誌が「大東亜戦争損得論」を懇望したのも、それあるがゆえである。たしかに飛火はどこに飛ぶかわからぬ危険性はあろう。しかし危険を感ずるムキがあるとすれば、その叙述こそ、戦争を純粋と安易化し、血まみれゆえに貴重な戦争体験という国民の財産をウヤムヤにしようとする者である。ガラッ八先生よ、大いに無法タツの本領を発揮して、叙述をしてますます将来ともに、その心胆を寒からしめよ！

「戦争」の再評価

必然的な身辺整理

図4-9　藤原弘達「大東亜戦争損得論」（『丸』1965年4月号）

プラグマティックな反戦論とベトナム戦争

ただし、注目すべきは、藤原弘達が「戦争をただ罪悪として捉える」左派的な歴史観への違和感を林と共有しながらも、林のような全面的に「肯定」する論調とも微妙に距離を取っていた点にある。

藤原はこの対談企画で語った「戦争というものが、果たして損ばっかりだったか」という視点を下に、翌月の『丸』一九六五年四月号より「大東亜戦争損得論」の連載を開始する。藤原はやはり「太平洋戦争否定史観ともいうべき進歩派の歴史学者の評価に対抗」として出発しながらも、「あくまでも「利益」という価値尺度でつらぬかれる必要がある」として以下のよう述べる。

例えば、アジア諸民族の解放か侵略かといった議論をしてみても仕方がない。あのまま勝ってアジア諸民族を支配していたら、〝大損〟になったろう。アッサリと負けたので、アジア諸民族の独立運動を敵に廻す必要もなかった、それだけで〝得〟だったという調子であり、あくまでも結果論という点で、肯定論をムキになって論じる林的動機論法をかなりからかう立場ということである。[38]

藤原はここで「損得」というプラグマティックな「価値尺度」を持ち出すことによって、「肯定論をムキになって論じる」林房雄の論調を「からかう」のであった。こうした「からかい」の態度は、「解放か侵略か」で二項対立化する当時の戦争観のあり方を相対化する視座にもなり得た。

藤原の議論の背後には、戦中派としての戦争体験があった。東大法学部在学中に学徒出陣で入隊後、南中国に出征し、終戦時には「水上特別攻撃隊の訓練をうけていた」。そのような体験を持つ藤原は、戦中派としての戦争体験に規定された自らのアイデンティティを以下のように述べる。

大体、太平洋戦争を「聖戦」としてうけとり、これに「殉じること」に生き甲斐をみいだし、それだけにあの戦争をもって、単なる〝侵略戦争〟と片づけることに、つよい抵抗を感じるし、またいわゆる、ファシズム戦争観にも、そのままでは同調できないような連中である。（中略）深刻な戦争体験が、その発言の「元本」になっている点では、共通している。それなりに生命を賭けてというか、賭けざるをえない立場で実際に戦争した世代なのである。[39]

筆者にしても、昭和二十年の一月、特攻船団の五百トンの輸送船に乗せられて、生命からがら南中国に上陸し、さんざん苦労をした。むろん小さな作戦にも従事し、弾丸の洗礼もうけたし、敵を斬ってもいる。合法的な殺人体験まであるのだ。いまだに、自分の手にかけたゲリラの死体の顔を夢にみるくらいである。

その意味では、筆者の手も、血で汚れているといってよいだろう。[40]

生命を賭けざるをえない立場にあり、藤原自らも戦場で手を汚さざるを得なかった「深刻な戦争体験」を抱え、いまだに夢に見るほど苦悩していた。だからこそ、右―左あるいは保守―革新の政治的な視点で戦争を片づけられることを拒む。その点では、安田らわだつみ会的な戦争体験論と共通している。

一方で、安田らの価値観と大きく異なるのは、藤原が戦後二〇年を経過して、「もうコリゴリしたと思っていた戦争体験がなつかしくなり、やがて貴重なものと思えてくる、心境の変化の微妙さにおどろかざるをえなかった」とも語る点にある。[41]

こうした戦後二〇年における段階での戦争体験の「深刻さ」と「なつかしさ」、「貴重さ」がないまぜとなったところに生まれたのが、「〝負けてよかった〟という実感」であった。藤原はこの実感を起点に、独自の反戦的な戦争観を展開する。先の戦争によって、日本がアジア民族を解放したのではなく、むしろ反対に日本は「アジア戦争に対する、先進アジア民族としてのあらゆる責任から解放された」と述べたうえで、以下のように説く。

もうひとつの「負けてよかった」という考え方は、日本自身の帝国主義的侵略が挫折し、軍国主義が打倒されることによって、平和と民主主義の国に生まれ変わってよかった、という点に求められるだろう。

その面を代表するものが平和憲法である。日本はここでも前非を悔いて、アジア民族と同列に立ち、平和を守りながら、つまりゲリラ方式とか革命内戦などをやらないで、民主主義の国になることができたのであるか

図 4-10 「監修・大宅壮一　特集世界の侵略戦争を斬る」(『丸』1965 年 7 月号)

ら、ともかく憲法をタテにしてアメリカに抵抗し、戦争にまきこまれないよう、無責任でもジッとしているにかぎるということに通じる。

大東亜戦争の「主役」は、もはや中国やインドネシアにゆずり、自らは隠居役になって、アジアからの白人追放戦に声援をおくろうというのも、これも自らの血を流すワケでもないし、平和と民主主義の「錦の御旗」をふりかざしておけばよいもので、カッコもよくて、損はしない。新憲法は、そういう意味で成田山のお守り以上に、効用があるということでもあるのだ。

ともかく、どちらにころんでも日本はソンはしなかったし、結果的にはトクになったということにもなってくるのである。アジアの諸民族が、いまだに貧困と戦乱のなかで喘いでいるというのに、空前の経済的繁栄のうえにあぐらをかいて平和と民主主義のお経さえあげていればよいのだ。青年にしても、目下のところアメリカのようにベトナム戦争に狩り（ママ）だされる心配もないし、初任給は増加するばかりである。(42)

藤原は、「負けてよかった」という実感ゆえに、平和憲法の「無責任」さを指摘する。そしてその「無責任」さを逆手に取って、「戦争にまきこまれないようアメリカに抵抗する」反戦のあり方を論じるのである。「戦中派世代として、つくづく思うことは、自分の体験を大事にしながらどんな旗印の戦争にも協力しないことが一番トクではないかという実感である」として連載を締めくくった。(43)「侵略か解放か」の是非で切り取る戦争観とは異なるかたちで、自らの戦争体験に根差した「損得」というプラグマティックな視点からの反戦論が提示されていた。

ただし、こうした藤原の議論は、藤原のみに閉じたものではない。そもそも藤原の「大東亜戦争損得論」は、大宅壮一のプラグマティックな論理を下敷きに、戦中派としての情念から修正したものだった。[44]当時、著名なジャーナリストとして活躍していた大宅も、藤原とともに一九六五年の『丸』の誌面に浮上する。その背景には、ベトナム戦争の勃発と、戦後二〇年としての戦史ブームがあった。ベトナム戦争へ社会的な関心が集まるとともに、「戦争の真実」を掲げてきた『丸』でも一九六五年六月号「ベトナム戦線異状あり――現地記者の目撃した泥沼戦争の実態」、同年七月号「世界の侵略戦争を斬る――二〇世紀の怖るべき真実を告発する」としてベトナム戦争を取り上げた特集を企画し、ジャーナリストが多く登場した。特に七月号の特集では、「大宅壮一監修」と銘打たれ、大宅の存在が大きくアピールされた。[45]前後して、一九六五年五月号では「将軍提督の遺児大いに語る」として、大宅を司会に、東条英機や山本五十六、阿南惟幾らの「遺児」による座談会が企画された。同号の編集後記には、「日本歴史の発掘」ブームのなかで『丸』が「目撃者の綴る生きている昭和史」であると自認している。[46]

本章冒頭で挙げた「大特集 戦争はなぜ起るかに関する四五の疑問に答える」(一九六五年八月号)も、こうしたベトナム戦争での「侵略戦争」批判と戦後二〇年の戦史ブーム、両者の総決算として企画されたものであった。

こうして同時代の社会問題を契機に、『丸』は戦記や兵器のメカニズムだけではなく、政治・社会的な話題にも射程を広げ、さまざまな観点から戦争を問う総合雑誌としての性格を帯びていった。

戦中派の許容

戦争を扱う総合雑誌的な性格を強めていく一九六〇年代後半の『丸』に、再び安田武が登場する。当時は折しも、元軍人たちによる親睦団体である戦友会の結成が全国的に盛り上がりを見せていた。[47]

『丸』においても一九六七年五月号にて「特集・貴様と俺」が企画され、同じく戦中派の代表格であった村上兵衛とともに、安田は「『あゝ同期の桜』を斬る」を寄稿する。誌面上では戦友会ブームが取り上げられ、「戦友愛」や「戦友の絆」などが強調される記事が並ぶなかで、安田はそのような美談化される戦友会のあり方に対して違和感

図4-11　安田武「『あゝ同期の桜』を斬る」(『丸』1967年5月号)

を提示する。

安田が抱く、戦友会ブームへの違和感は、まさに戦中派世代の「戦友の死」を直視する態度に根差したものであった。

> 生き残って冥福を祈る、それは生者の傲慢であり、偽善でしかない。ひたすらに、ただ不在感に堪える以外にあらゆる途は閉ざされているのだ。
>
> 歯止め、と私がいうのは、このことである。
>
> 戦争世代は、その青春のなかに、「戦争」をもっている。戦争とは、仲間の死、戦友の死であった。二十年後の「戦友」会に、出席できない仲間の「不在」をひとりびとりはどう胸に受けとめるか。彼等の「不在」は、生き残った者が、生き残った人間としての理屈でほしいままに解釈することを許さぬものである。何としても、彼等は死んだのだ。死んでしまったのだ。この永劫の死にたいして、私たちの恣意の解釈は、人間としての倫理道徳、人間の名において、ゆるされぬことである。(48)

戦死者の情念に寄り添うがゆえに、安田は彼らを戦死せざるを得ない状況に追いやった国家や軍組織の責任を批判的に問いなおすのであった。

死者への祈りを忘れる時、私たちの郷愁は、感傷への惑溺から、ついに傲慢で、独りよがりの自己解釈に陥るだろう。その時、郷愁は、もはや単なる郷愁を越えて、政治の枠のなかに、組みこまれていく。(49)

安田は「戦友の死」を置き去りにして、生き残った者たちだけで盛り上がり「郷愁」に浸る戦友会の「同窓会」的なムードを厳しく批判する。それとともに「このような美化された記憶が語られる過去にたいして、現代生活のなかで、おなじような『人間飢餓』に悩まされている若者たちが憧憬を抱くということになる」とも指摘している。[50]安田のこの論稿が編集部や読者からの好評を得たこともあり[51]、安田は翌月の一九六七年六月号より「体験的戦争文学」の連載を開始する。この連載のなかで、安田は戦争文学の解説・批評を通して、戦争体験としての「死」や戦争責任の問題と向き合う（**表4-1**）。

そのなかで野間宏『真空地帯』を取り上げた際には、安田は「軍隊の内務というものがもっていた不条理、非合理、暗い非人間性こそ、嘗ての日本の全体社会の縮図にほかならなかったからだ」として説き、以下のように同作を評する。

> 野間は、旧帝国軍隊の外皮を皮膚を肉を内臓を血管を骨格を骨髄を描きつくしていった。日本の軍隊というものがどのような型で、日本人自体を虐待し、その人間性を歪め、狂った運命のなかに日本人自身を追いやっていったか、「真空地帯」は、いまやそれを文学として、歴史に証言する古典的な名作ということができよう。戦争文学、いや戦争というものに、多少とも関心を抱く読者は、一度は、この作品を通過せねばならぬ[52]

図4-12　安田武「体験的戦争文学入門」（『丸』1967年7月号）

1967年	6月号	「梅崎春生の人と作品―小説『桜島』『崖』『日の果て』の周辺―」
	7月号	「野間宏の人と作品―小説『真空地帯』に見る歴史への証言―」
	8月号	「武田泰淳の人と作品―戦争と人間と罪―」
	9月号	「田村泰次郎の人と作品―「お互いは人間同士」という愛―」
	11月号	「超ド級戦艦が生んだ戦争文学―体験記録と資料による戦争小説について―」
	12月号	「大岡昇平の人と作品―『孤独な敗兵』が見た生と死の谷間―」
1968年	1月号	「安岡章太郎の人と作品―『帝国軍隊』と『人間』と『生活』と―」
	2月号	「阿川弘之の人と作品―阿川文学の世界に生きる青春像―」
	3月号	「五味川純平の人と作品―ある日本人の雄大で荘麗な告白―」
	5月号	「井伏鱒二の人と作品―老作家の魂が綴る「原爆文学」―」

表4-1　『丸』連載の安田武「体験的戦争文学入門」一覧

安田が同作内での軍隊の組織病理に関する描写を繰り返し強調したのは、戦記ブームのなかで美化された軍隊社会の記憶に「憧憬」を抱く若者への警鐘でもあったといえよう。わだつみ会での討論でも語っていたように安田は、生死の「致命的な偶然」を強いる「戦争体験」ではなく、戦場の手柄話としての「戦闘体験」ばかりが戦記として受容される状況を危惧していた。これまでの議論を踏まえると、安田は勇壮な戦記を掲げてきた『丸』を読む青少年層に対して、「この作品を通過せねばならぬ」と説いているようにみえる。

ただし、『丸』という戦記雑誌のあり方やそれを読む読者そのものへの批判にもなりかねない安田のような論稿は、ともすれば『丸』の編集部や若い世代の読者から反発を招いてもおかしくない。福間良明が指摘するように、実際、戦争体験の分かりやすい形での伝承・継承を拒み、体験の「語りがたさ」に固執する安田の姿勢は、体験を振りかざすかのようにも受けとられ、しばしば若い世代の反感を生んだ[53]。安田の側も「ぼくたちは戦争を体験していないのだから戦争体験といわれてもピンとこない」という若者世代に対して、「受け身の姿勢」を作る教育の問題と重ねながら、当時次のように批判している。

> 青年たちは、自ら知的理解力の自己破産を宣言しているのだ、ということに気づいていないらしい。だからであろう、「体験しないからわからない」という彼らの発想が、ちょうどウラハラに、既定の所与として

与えられた状況だけに、ベッタリと実感的に密着している、ということに気づいていない。体験したことしかわからぬ者に、現在の自分を取りまく状況以外、何がわかるというのか。戦中派の体験固執をわらう彼等が、現状況への実感ベッタリというのでは自己矛盾ではないか。[54]

寡黙を貫く戦中派世代に対しては、「なぜ戦争を止められなかったのか」という下の世代からの批判が寄せられるなど、戦争体験をめぐって世代間の対立がこの時期の社会のなかには一定存在していた。

だが、むしろ戦中派世代を代表する安田の連載は、対立していたはずの若い世代の読者が多い『丸』においては約一年にわたって続き、「読みごたえがある」・「意義のある連載」と読者からも好意的に受容されていた。[55] 一八歳の読者は、同連載について次のように感想を綴っている。

「体験的戦争文学入門」のページは、毎号たのしみにしています。戦争という極限状況においこまれ、非人間的な戦争が、どれほど人間を不幸においやったか、わたしたちは、それをよむと身ぶるいするほど、こわくなります。[56]

戦争体験をめぐる齟齬や対立が顕著となっていた若者と戦中派知識人であるが、この『丸』という空間に限っては奇妙な同居が成立していたのである。では、なぜ安田の論稿が『丸』の誌面上に掲載されえたのであろうか。言い換えれば、戦記や兵器に興味を抱く読者は、なぜ戦中派の戦争体験論をも許容し得たのだろうか。

思想、世代を超えるメディア志向

戦記や兵器への興味と戦中派世代の戦争体験論が同居し得たのは、当時、戦争を扱った総合雑誌と化していく

図4-13　無着成恭・岡本喜八「日本の防衛　私にも一言」（『丸』1969年5月号）

『丸』においては、戦争への関心を政治や社会への関心へ接続させる規範が働いていたためであった。それは、戦争に関する事象を「知」として捉え、「戦争を知らねば平和は語れない」とするミリタリー的教養の規範である。戦争についてのあらゆる情報や話題を「知」として捉える空間にあっては、戦中派知識人の戦争体験論も、戦記や兵器のメカニズムとともに等しく学ぶべき対象として提示された。実際、当時の読者欄には以下のような声も見られる。

> これから、ただの戦記のみならず、「安保」、「三次防」や「ベトナム戦争」などにたいする知識人の意見などをおおくのせてください[57]。

こうした声に応える形で、一九六九年一月号より巻頭に「日本の防衛―私にも一言」という欄が設けられた。ここでは、著名な知識人・文化人が登場し、防衛について論じている（**表4-2**）。興味深いのは、再軍備賛成だけではなく、むしろ軍備反対論者も多数登場している点にある。とりわけ、一九六九年五月号の同欄では、生活綴り方運動の実践で著名な進歩的教育者・無着成恭と戦中派世代の映画監督・岡本喜八がそれぞれ「愛国心」の名の下で「ウマイ汁を吸」う官僚政治や「アメリカ陣営に属する」安保体制のあり方について厳しく批判している[58]。

先述したように、戦記特集誌としての色合いが残存していた一九六〇年当初は、教条的な左派言説への批判が強く意識されていた。だが、戦争を扱う総合雑誌としての性格が浸透した一九六〇年代末の段階では、むしろ主義主

1月号	望月優子（女優）「原点からの直言」・馬場のぼる（漫画家）「アクセサリーの軍隊」
2月号	正木ひろし（弁護士）「正義のための防衛」・星野安三郎（憲法学者）「だれのための防衛」
3月号	真鍋博（イラストレーター）「二一世紀の防衛」・藤田尚子（劇団・民芸）「ひとりの国民として」
4月号	服部学（核物理学者）「核のカサは安全か」・竹山道雄（評論家）「日本は守るもの」
5月号	無着成恭（中学校教諭）「断層ある国境線」・岡本喜八（映画監督）「ヒモツキ軍備」
6月号	石川文洋（報道写真家）「意味なき殺人」・黛敏郎「腰をすえて考える事」
7月号	羽仁進（映画監督）「日本人よ冷静になれ」・高橋泰邦（推理作家）「弱小国家の必要悪」
8月号	東陽一（映画監督）「攻撃は最大の防御か」・横尾忠則（イラストレーター）「ナンセンス！戦争」
9月号	石森章太郎（漫画家）「夢のサイボーグ戦争」・本位田祥男（経済学者）「憲法ストレス論」
10月号	家城巳代治（映画監督）「平和の重さ」・桶谷繁雄（東工大教授）「平和憲法は死んだ？」
11月号	伊丹米夫（洋画家）「生かそう過去の体験」・福田日出彦（音楽家）「白覚ある防衛」

表4-2 『丸』（1969年）における「日本の防衛 私にも一言」

張を問わず「知識人の意見」が求められた。

では、なぜこの時期に『丸』は、こうした複数の立場からの戦争観や国防論を積極的に掲載したのであろうか。その意図を当時の編集長である高野弘は以下のように語っている。

> 戦後も二三年をへたこのごろかつての〝日本民族の戦争〟をまったく関知しない新しい世代が年とともにふえつつある。
>
> 戦争の悲劇性を当時も責任ある地位にあって熟知しているにもかかわらず意識的に〝過去の真相〟にフタをしようとする施政者達。
>
> だれもわかってくれない、自分だけにしか本当のところはわからない、と話すこともあきらめて一人閉じこもってしまう体験者達。
>
> それだからこそ、私たちはこの「丸」を絶やしてならないと思う。(59)

「戦争をまったく関知しない」戦無派、「当時も責任ある地位」にあった戦前派、「一人閉じこもってしまう」戦中派、そうした世代間の溝を埋める役割を当時の『丸』は自負していた。

その背景にあったのは、安保闘争やベトナム戦争など一九六〇年代当時の差し迫った課題を前に、「先の戦争体験をいかに生かすべきか」という意識であった。読者の側も「思想、年代のちがう人達が貴誌を読んでいる」ことを認識していた。[60]

こうした思想や世代を超えようとする志向は、当時の編集長であった高野弘の存在も大きく関係していよう。敗戦前後の一九四五年時に「国民学校四年」だった高野は、自らの戦争体験を次のように綴っている。[61]

疎開先の讃岐高松は見渡す限りの焼野ケ原だった。小国民のボクは国民学校四年生。校舎はなく芋腹を抱えた浮浪児さながらの風態デキモノばかりが華やかだった。だが、抜けるような青空と陽光の下、焼跡はボクらの宝庫だった。爆弾の破片、機銃弾の収集、木部のない歩兵銃、何やら相像もつかないメカの残骸と果てない夢想、崩れた土蔵の向こうに現出した一面ケシの花畑、級友一人が焼死した辺りだった。[62]

高野のなかには、幼少期に見た悲惨な焼跡の光景と、級友が焼死したその焼跡で爆弾の破片やメカの残骸を探す無邪気な好奇心とが同居していた。自らを「昭和一ケタ最後の世代」と名乗る高野は、戦中派と戦無派に挟まれた世代的感覚を『丸』のなかにも込めようとしていた。[63]「編集室のメンバー五名、うち戦中派二、戦無派二、かくいう小生は腹をへらしてギャーギャーわめいていた戦後派」で、「バラエティにとんだ世代構成は威力を発揮する」のは「広い年令階層をほこる「丸」誌をつくるとき」と高野は説く。[64]

それゆえ『丸』の編集部は一方で死者の不在を抱え続ける戦中派の情念にも理解を示し、他方で戦記やメカニズムへの関心を惹かれる戦無派の心性にも共感できたのであった。高野に主導される形で一九六〇年代後半の『丸』では、戦中派世代を批判するのではなく、読み替えを含めて受容する態度が醸成されていった。[65]

当初、戦争に関する話題を全否定する教条的な左派言説への違和感から、『丸』は戦争に関するあらゆる話題を提供し、その延長で政治や社会も語る戦争総合誌としての性格を帯びていった。その過程で、読者も「知識人の意見」を求めるようになり、結果的に「思想や世代のちがい」を問わない戦争語りが志向されるようになっていった。その意味で、一九六〇年代後半において『丸』は、主義主張や世代を越えて、複数の戦争観が提示されるメディアであったといえよう。

とはいえ読者たちが必ずしも全ての記事を読んでいたわけではないだろう。多様な誌面のなかで自分の関心に沿う記事だけに目を通す読者も存在した。もちろん多様な記事を編み合わせた雑誌というメディアの特質上、「つまみ読み」は当然のものである。いくら編集者の側が世代や思想を越えるさまざまな戦争観を提示しようとしたところで、必ずしも読者が編集者の意図通りに受容するわけではない。その意味で戦争総合誌は、常に限界性を孕んでいた。実際、「今月の戦艦陸奥公式図面が、とくによかった。栄光と悲惨の「陸・海・空」重大事件もおもしろかった。毎回おもしろいのは、『日本の軍艦――その名の由来記』である」というように、メカに夢中な少年読者の姿も見て取れる。[66] 一九七一年の読者欄に掲載されたこの投書は、実は当時まだ一四歳の中学生だった百田尚樹によるものである。こうした特定の対象に注目する読者の存在は、一九七〇年代に入ってより顕著になっていく。

第五章 「現代の戦争」の余波と軍備への問い直し——一九七〇年代前半

「現代の戦争」のなかで

一九六〇年代、「丸少年」として少年読者層が浮上することに合わせて、『丸』は戦記のみならず、兵器のメカニズムや模型解説などを掲載するようになっていく。少年たちが『丸』を手に取る根底には、大人の説く「反戦平和」や戦後民主主義への違和感があった。自分たちが抱く好奇心や興味を上から抑えつけようとする大人たちに抵抗するために、そして抑圧されれば抑圧されるほど、少年たちは『丸』に夢中になった。一九七〇年の段階で読者欄には一八歳の読者からの次のような声がみられる。

> 戦争に関する書物を読むとある種の人びとはそれを軍国主義という。しかし、われわれのような世代が戦争といってもあの悲惨な実態を知らず、ただ反戦をとなえるだけでよいものであろうか。戦争を知り、そこから真の反戦というものが生きるのではないでしょうか。(1)

ただし当時の『丸』は、少年読者に迎合して兵器のメカニズムに耽溺していったわけではなかった。むしろ戦後民主主義への違和感を梃子にして「軍事総合誌」としてあらゆる「戦争」を収集するようになっていく。SF未来戦記として「戦争の傷」を抱えた第一期SF作家が核戦争・第三次大戦のリアリティを描き、わだつみ会関係者や戦中派世代が戦争責任・軍隊の組織病理を追及する論稿を綴った。実際、読者からも「数年前までの「丸」は、第二次大戦の戦記や兵器の記事が中心でした。それはそれで、よくまとめられていましたが、最近はそのほか、現代や未来、また第二次大戦以前の記事など含まれるようになり、本の内容も充実し、総合ミリタリィ・マガジンとしての性格をいっそう色濃くしています」と評されていた(2)。

そこには、戦中派と戦無派の結節点を作ろうとする編集部の理念があった。当時の編集長・高野弘は幼少期に見た悲惨な焼跡の光景と、焼跡で爆弾の破片を探す無邪気な好奇心との共存する自身の体験のなかで、戦中派と戦無派の両者の間を取り持つ役割を自認していた。自らの過酷な戦争体験に固執する戦中派と、兵器のメカニズムに興味を惹かれる戦無派の両者を理解しようとする試みこそが、この時代の『丸』に世代や立場を超えてあらゆる「戦争」に関する事例をカバーしようとする「軍事総合誌」としての方向性につながった。

ベトナム戦争や中東戦争など「現代の戦争」に関心があつまった一九七〇年前後にかけて、『丸』という場における「戦争」の意味も緩やかに変化していく。

軍備をめぐる「対話」

「現代の戦争」が過熱する一九六〇年代後半以降、『丸』編集部は世代や立場を超えた雑誌を掲げ、そのあり方を模索していた。調和的に見える編集部の理念とは裏腹に、もちろんそこには読者間の関心のズレや意図のすれ違いも潜在的に生じていた。こうしたなかで『丸』の編集部は、意図のすれ違いを埋めるべく、読者欄での「対話」を強調していった。

「対話」が強調されるきっかけは、『丸』の誌面構成や編集方針についての読者からの問題提起であった。一九七〇年一月号の読者欄に、前々号に掲載された「自衛隊とか、近代戦の記事はのせなくてもよい」とする一八歳の読者の意見に対して、以下のような反論の声が寄せられている(3)。

……と書いているが、これはどういう発想からだ……を目指した内戦――引用者）では戦争によってバタバ……人が死んでいる。また戦後には核兵器が抑止力としてクローズアップされてきた。そのような状況下におかれているわれわれが、近代戦や自衛隊、在日米軍などから目をはなしてよいのか。また、きみは帝国陸海軍のはなばなしい戦果を数多くのせろといっているが、きみは戦争というものを美化しているのではないか。戦争はけっしてきれいごとではないはずだ。一人殺せば死刑になるものを、万人を殺すと英雄になるという戦争の矛盾、そして非人道性をきみはどう考えているのだろうか？(4)

この読者は、ベトナム戦争との関わりで、核兵器や自衛隊、在日米軍などの現在進行形の軍事を扱うべきだと説き、「帝国陸海軍のはなばなしい戦果」にのみ浸ることを批判する。こうした編集方針を巡る意見に対して、編集部は応答するのではなく、他の読者にも「批判」や「批判された方の反批判」を求めた。(5)そのうえで当時の投書の傾向について以下のように編集部は説明している。

記事についての感想だけではなく、読者の自分なりの〝なま〟の意見の投書が最近はふえています。現代っ子気質というか、どのような意見であれ大人たちに全部はまかせられないヤングパワーを感じます。しかし、そこで〈あした〉をつくる本当のヤングパワーになるためには、大人たちの思想の模倣からはなれた、真に自立した思想を創造していく力となるときだと思いますが、いかがでしょうか。(6)

読者からの編集方針への意見、さらに『丸』という雑誌のあり方を通して語られる軍事評論や戦争認識について、編集部は「読者の自分なりの〝なま〟の意見」として歓迎した。これ以降、読者欄では個別の記事についての感想

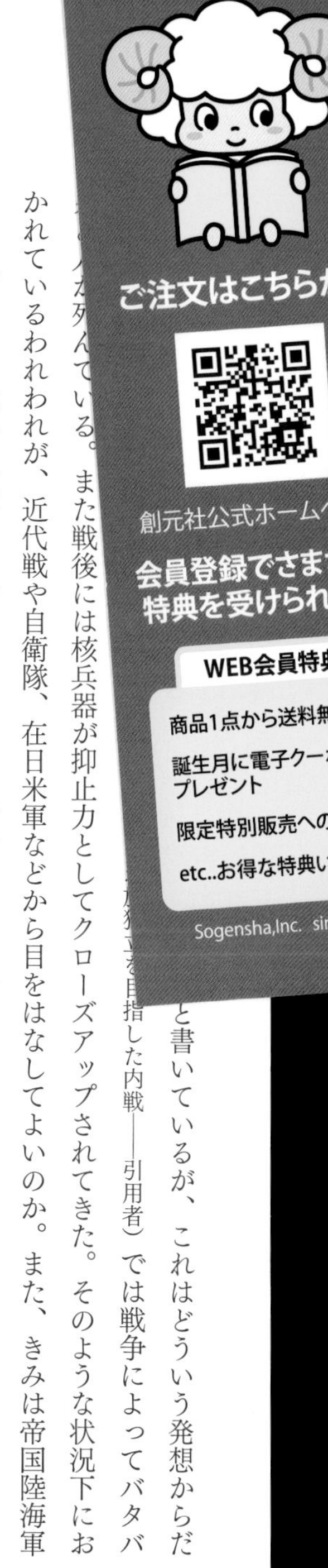

とは別に、軍備や安全保障の問題を論じる投書が毎号掲載されるようになる。編集部への批判が寄せられると「早くもこちらが意図した〝対話〟が成功したな」と反応している[7]。

このように七〇年前後、「現代の戦争」を考えるために「過去の戦争」が呼び起こされるなかで、読者欄では「対話」が推奨され、政治や軍事に関する意見や思想の重要性が強調された。

丸少年の分派

では、なぜここまで「対話」が意識されたのだろうか。そこには「政治の季節」の余熱があった。一九七〇年当時、日米安全保障条約の自動延長への反対を掲げた市民運動が展開されていた。六〇年安保のときにも増して、『丸』の誌面では七〇年安保について読者欄でも積極的に言及されている。一九七〇年四月号の読者欄では次のような投書が掲載されている。

> 今年は日米安全保障条約の再検討期となります。安保は六〇年に新条約が結ばれてから、一〇年たった後は自動延長で存在してもどちらか一方の国でやめる意思があれば一年後にはやめられるようになっています。つまり、その一〇年後が今年の七〇年なのです。これまでこの安保条約がはたしてきた役割を考えながら、七〇年以降におけるわが国の安全保障という問題を真剣に考えようではありませんか[8]。

一九歳の読者は、七〇年安保をきっかけに日本の「安全保障という問題」を考えるべきだと『丸』の読者たちに訴える。一九六〇年代後半より軍事総合誌としての『丸』の関心が、過去の戦記や兵器のメカニズムに留まることなく、現代の軍備や国際情勢をめぐる政治問題にも射程を広げていたのは、前章までに見てきたとおりであるが、当時の読者欄で最も積極的に取り上げられた話題こそ七〇年安保であった。次の一八歳の読者は、安保体制につい

てより踏み込んで論じている。

安保の年です。安保条約を安易な気持で批判する人がいますが、これはつつしむべきです。戦後二五年、あの敗戦時から現在にいたる過程で、安保のはたした役割は非常に大きかったのではないでしょうか。よく戦争にまきこまれるといいますが、これまで日本は戦争にまきこまれたでしょうか？ 安保をやめるにしても即時廃止というのはまったくむちゃです。安保は軍事的であると共に政治的、経済的でもあるのです。日本の貿易上の一番の相手はアメリカですぞ。七〇年を迎えた現在、安保をもう一度冷静に見なおすべきではないでしょうか？(9)

この読者は、日米関係を重視し、「安保のはたした役割」を肯定的に評価している。「安保は軍事的であると共に政治的、経済的でもある」と語るように、一九六〇年代以降浮上した「現実主義」、すなわち国際政治での立ち位置を踏まえたうえで日本の安全保障を論じるスタンスに通じていよう。理念よりも現実政治を強調する「現実主義」のスタンスは、教条的に「反戦平和」を説く大人たちへの抵抗として『丸』を手に取った少年読者たちの心性とも一定親和性を持つものであった。

他方で次の二〇歳の読者は対照的な立場を表明している。

ファッショ体制と日米安保体制にがっしりと組み込まれている現在の姿に、七〇年の現在、今こそ目ざめるべきだ。米の極東侵略にそのまま手をかして、中国を真っ向から敵視している現状。基地は散在し、危険はいつも身にせまっている。「丸」から学んだ教訓とは何か。それはぼくには戦争の醜さだった。安保は自民党がたわむれる戦争を辞さない大きな陰謀だ。安保フンサイ！ 日中友好は平和のための第一歩だ。ともに日本民族のため闘おう。[10]

「安保フンサイ」を掲げ、アメリカや自民党の姿勢を批判するこの読者の立場は、当時盛り上がりを見せていた全共闘運動やベトナム反戦運動で掲げられた主張に沿うものであった。

このように当時の『丸』の読者欄には、安保体制をめぐって賛否が入り混じっていた。大人たちへの「抵抗」を梃子とする丸少年の心性は、一方で「反戦平和」の理念よりも現実政治に重きを置く「現実主義」へと向かいつつ、これまでの章でも述べたように、他方で「戦後民主主義の欺瞞」に異議申し立てを行う学生運動へと合流していった。安保体制の評価をめぐって対立する読者欄の様子からは、丸少年の心性が二つのベクトルへと分派していく様子が見て取れる。

死者の情念に即した軍備への問い

読者欄で安保をめぐる議論が積極的に行われるなかで、『丸』の編集部も「先の戦争」と関連付けながら、七〇年安保の問題を論じている。編集後記においては以下のような記述がみられる。

ひそかに語りつがれてきた七〇年がやってくる。七〇年とは何か？　それはぼくには六〇年安保闘争の意味をかえりみ〝戦後とは何か〟にまでつなげることによって、そこで生きてきたぼくらの〈生〉の根拠を問うことだ。戦争で背負った思想の課題を、戦後はいまだ未解決なまま残している。重くのしかかるその宿題を進んでになうことが、七〇年を、いやそれを含めた〝未来〟を生きぬくぼくのこれは闘争宣言だ。[11]

七〇年安保は「戦争で背負った思想の課題」を問い直すための契機として捉えられていた。さらに一九七〇年五月号では特集「現代の軍事秘密を斬る」が企画される。「激動する七〇年代の日本と世界の最新軍事情報に挑戦する問題の大特集」と掲げた特集では、評論家・林茂夫「七〇にっぽん〝要塞地帯〟新地図」や軍事評論家・中森有樹「〝秘密〟自衛作戦が発動する日」、さらに「竹槍事件」の当事者となった元毎日新聞記者の新名丈夫「強国が秘める七つのタブーを告発する」などが掲載された。

この特集においては、軍事評論家・小山内宏が「これが七〇年代のゲリラ戦用兵器だ」と題し、「ベトナムはアメリカのあらゆる兵器の〝実験戦場〟だ」とし、兵器のメカニズムの視点からベトナム戦争の残虐性を批判している。[12] またジャーナリスト・三宅琉平「アンポそこのけ〝万博〟が通る」においても、七〇年安保をめぐる問題について次のように述べている。

図 5-1 『丸』1970 年 5 月号

> 七〇年問題は、六〇年安保の直後から提起され、六〇年代なかばにはすでに明確な形になった。六五年の日韓闘争に敗北した革新勢力が七〇年安保再検討期に、政治決戦の場を求めたのは当然だった。にもかかわらず、七〇年は決戦の年ではなく、万博による「大国日本」誇示の年になる可能性が強い。
>
> これは、政府の巧妙な手口、革新政党の無力、大衆の政治不信という、政治力学にマスコミも一枚かんで、この状況が出来あがったというべきだろうか。[13]

それまで第二次大戦を中心的に扱ってきた『丸』だったが、「先の戦争」の体験に基づいて「現代の戦争」を批判的に問う視点が強調された。以降も毎号にわたって特集とは別に「最新軍事情報」や「特別企画」として軍事を扱う頁が掲載されるようになる。

誌面における現代の戦争や軍事への注目に呼応するように、大学生の読者からも「大戦中の数かずの悲劇をみるにつけても、時流に逆らうことがいかにむずかしいかということと同時に、人の命がずいぶんたいせつなものであるかをつくづく感じる」という声が寄せられている。[14]

とはいえ、反対に「ガヤガヤさわいでいるのは政治家と学生だけ、ぼくはほんとうに日本のことを考えたい」という防大志望の一四歳読者の声もみられるなど、七〇年安保運動への共感ばかりで占められていたわけではない。[15]

安全保障条約は結局、自動延長となるが、その後も読者欄における軍備をめぐる「対話」は盛り上がりをみせ、その論点は安保から自衛隊の存在にスライドしていった。

「自衛隊に関しては賛否両論いろいろあるが、自衛隊の有無という問題はなかなかむつかしいので、数多くの人びとの意見をきいてみたい」という声にも象徴されるように、定期的に自衛隊の是非が議論された。[16]

自衛隊の是非をめぐっては、一九七〇年代初頭の日本社会においても議論の的となっていた。とりわけ自衛隊が憲法九条に違反しているか否かが争点となった長沼ナイキ訴訟や、一九七〇年に防衛長官に就任した中曾根康弘が「自主防衛」を掲げ策定した「四次防」(第四次防衛力整備計画)は、政治上の大きな争点であった。[17]

両者ともに『丸』においても盛んに誌面上で取り上げられたが、長沼訴訟については一九七三年一二月号の読者欄において次のような投書が掲載されている。

長沼訴訟において、自衛隊は違憲であるとの勇気ある判決がくだされた。このことが現在の自衛隊のありかたを左右するものではないにしろ、政治的には大きな意味をもつもので、将来の自衛隊にあたえる影響はまことに大きい。核戦争の時代に生きる国民の一人として、喜こんでいいのか悲しんでいいのかなんとも複雑な心境である。[18]

二二歳の読者は、当時の長沼訴訟第一審での「違憲」判決（その後、第二審で合憲判決）について「勇気ある判決」と肯定的に捉えつつも、「自衛隊にあたえる影響」も考慮した「複雑な心境」を綴っている。一方で次の三〇歳の読者は、明確に自衛隊の存在を否定する。

〝自衛隊強化〟に賛成というかたがたにひとこと。現在、自衛隊では四次防計画にもとづいて、どんどん装備を補充しているが、自衛隊賛成という人たちはなにも考えていないのではないか。というのは、いくら自衛隊で戦車、航空機、船舶をふやしたところで、それらはみんな石油で動かすものなのである。したがって、わが国のように九九パーセント外国からの輸入にたよっている現状から考えれば、もし石油の輸出を外国がストップしたら、これまでに国民の血税で装備された戦車や飛行機、それに船などはただ鉄クズにすぎなくなる。もし戦争にでもなったら、外国は日本への輸送路を断ちきるのはまちがいないのだ。もしそうなれば日本はもう抵抗することもできなくなる。それがわかっていながら、自衛隊をもっと強化しろ、というのはまるっきりバカとしかいいようがない。要するに自衛隊は今すぐに解散したほうがいい[19]。

これらの投書について編集部は「自衛隊については相変らず意見がたえません」としたうえで、「長沼判決のくだったおり、みなさまももう一度この問題についてお考えください[20]」と読者へ問いかけた。

こうした基地や防衛政策にまつわる問題をきっかけに、自衛隊の是非をめぐる議論が喚起されたのであった。読者欄では「対話」が強調され、安保や自衛隊の存在についても賛否の両論併記となった。特筆すべきは、戦争や軍事を主題とした雑誌において自衛隊の存在そのものが議題となっていた点にある。自衛隊の存在が自明となっている現在の『丸』をはじめとするミリタリー雑誌とは異質な議論のあり方が、当時は存在していた。実際、日本の軍事費を取り上げた八幡裕隆「やぶにらみ自衛隊けいざい学」（一九七〇年四月号）への感想として、編集部は「よせられる読者からの声もほとんどが、自衛隊に関しての深い疑問でした。いつの時も秘密で事を進める、日本防衛のための主役。この素顔と、内部情報を可能なかぎり掲載するように編集部一同つとめてます」というように、賛否両論どころか「深い疑問」を強調している。[21]

とりわけ当時の編集部は戦死者や遺族の情念に沿う形で、現代の軍備・軍事に批判的な視線を投げかけていた。編集後記では、硫黄島での自衛隊の演習計画を取り上げ、次のように述べている。

自衛隊では硫黄島を演習場にする計画があるらしい。本土内の各演習場では付近住民とのトラブルがたえず、もし、硫黄島を使用できれば、これらの頭痛のタネは消え、陸海空合同の大演習も実施でき、不発弾や埋設地雷の処理は不用、遠く離れた孤島なので国民の監視もない、まさに一石四鳥――だが、それは自衛隊の話。遺骨の収集も充分になされないまま、再び弾雨を浴びたのでは、泉下の英霊も遺族も納得しまい。[22]

「自衛隊の演習」という安全保障の論理に対して、ここでは「遺骨の収集」という死者や遺族の情念に寄り添いながら疑問を投げかける。『丸』の編集部は、軍備にまつわる政治問題を論じるにあたっては、現実主義とは異なり、また平和主義とも異なる、戦死者や遺族の情念に重きを置いた立場から批判的な視点を提示していた。

現代の戦争が想起させる過去の戦争の痕跡

『丸』の編集部が掲げる戦死者や遺族の視点に根差して「現代の戦争」を問う視点は、ベトナム戦争のみならず、それまであまり取り上げられることのなかった沖縄や広島における戦争の痕跡を問う論点へとつながった。

折しも一九六九年一一月の日米首脳会談において、一九七二年の沖縄の本土復帰が決定し、沖縄の基地問題に焦点が集まっていた。当時の『丸』の誌面でも、沖縄について過去の地上戦や基地の状況、ベトナム戦争との関わりで積極的に取り上げられている。具体的には、小山内宏「沖縄カデナ空軍基地の全貌」（一九六九年四月号）、辰野和男「沖縄レポート・忘れられた皇軍」（一九六九年一〇月号）、轡田隆史「沖縄レポート・基地周辺――その悲しき現実」（一九六九年一一月号）、轡田隆史「沖縄レポート・基地周辺――非常事態の日ふたたび」（一九六九年一二月号）、鍛治壮一「沖縄取材メモ――事件記者〝軍事基地〟をゆく」（一九七〇年四月号）、八幡裕隆「『沖縄防衛計画』その夢と現実」（一九七〇年五月号）、水田章「オキナワ最新情報は疑問符つき」（一九七一年一二月号）など、頻繁に沖縄関連の記事が掲載された。実際、編集部も「戦記のほかに、現代の焦点ともいえる沖縄やベトナムの記事などをこれからも企画していきたい」と述べている。[23] 当時の読者欄でも、二三歳の工員の読者は以下のように述べている。

最近「丸」を見ておどろいています。かつては毎日欠かさず読みつづけたが、あまりにも退屈なので中断してた。最近号は、新しい現代の状況を忠実に追っているように思います。とくにベトナム、沖縄などにとりくんでいることは良い。住宅の上を高架線が走り、見上げれば先端もかすむビルも建っています。この他国の戦争によって栄える産業の繁栄は偽りだ。真の文化は高速道路や高層ビルではけっしてない。はいつくばりながら生きている人間だって同等の権利がある。そうではないか。[24]

ベトナムや沖縄の問題を通して、この読者は日本本土の「繁栄」が「他国の戦争」によってもたらされた「偽り」であると説く。もちろんこうした戦争観は、当時盛り上がっていたベトナム反戦運動などの平和運動のなかではごくありふれたものだったといえる。とはいえ、興味深いのは、他国への「侵略」を批判する視座が、ミリタリーに関心を抱く層に向けたはずの『丸』のなかでも積極的に提示されていた点にある。次の二一歳読者もまたベトナム戦争における日本の「責任」を問うている。

二十五年目の暑く長い夏

1 ヒロシマの傷跡

人口六十五万、林立するビル、中国地方第一の都市として華やかに復興したヒロシマ――しかし、その美しい表面を一皮むいた時、そこには被爆都市の醜い傷跡がうずいている。"原爆"を追いつづけた新聞記者が鋭くえぐる二十五年目の広島の素顔！

石井浩史

復興の陰に

二十五年目の遺骨

運命の街「ヒロシマ」に今ものこるピカドンの悲惨な爪アトを追う！

図 5-2 「二十五年目の暑く長い夏」（『丸』1970 年 9 月号）

　過去の戦争の教訓を、喜びなり悲しみなりをなつかしく思いうかべる事はたいせつだけれど、それを現在に生かす事が、今は重要であると思います。アメリカのベトナム戦争を批判するのもいいが、その土地をかしている日本はどうなのか。日本は戦争しない。またやろうと思っている人は一人もいないのに、なぜ防衛しなければならないのか。日本のことは責任をもてるが、はたしてアメリカの日本基地をも日本は責任をもてるか。もっと深く良心的に日本を批判してもいいではないか。キレイ事ではすまない[25]。

過去の戦争を懐古趣味として扱うだけでなく、ベトナム戦争での日本の立場を「批判」するために「生かす」ことをこの読者は説いている。その応答として編集部もまた「日本を愛すべき国にするためにこそ、批判の刃をむけることは重要だと思われます」と述べ[26]、「忠誠の反逆」のような態度が示唆される。言い換えれば、戦史や軍事を論じることが、必ずしも無前提に日本を「肯定」することには繋がらなかったのである。

基地問題に揺れる沖縄と並んで、戦争の痕跡を問う重要な対象となったのは、広島である。冷戦下、核戦争の危機が叫ばれるなかで、一九七〇年九月号では特集「核兵器のすべて」が企画された。各国の核兵器所有の状況などを扱う同企画のなかで、中国新聞報道部・石井浩史「二十五年目の暑く長い夏」は広島に注目している。

たしかに広島は復興した。人口五十六万、林立するビル、六大都市につぐ大都市なのだから。いま市街地でわずかに原爆の痕跡をとどめるものといえば、原爆ドーム、原爆資料館、それに原爆スラムと呼ばれる海岸にのこった不法住宅密集地くらいのもの。

これとて、ドームは四十年の永久保存工事以後、ひじょうに人工臭の強いものになったし、資料館が悲惨の集積の場であるといっても、〝あの日の現実〟をあまさず伝えるだけの迫真力はない。スラムは、被爆で家財をうしない、身も心も傷ついた人びとが、吹きだまりのように集まって作りあげたものだが、原爆の破壊力をストレートに示すものではない。

だから現在『表面的には、原爆の傷跡は消えた』と言いきってもさしつかえない。しかし、それはあくまでも『表面的には』である。はなやかに復興した広島も、一皮むけばいたるところに被爆の傷跡が疼いている。[27]

高度成長期を通して「復興」を遂げた広島の町並みのなかで、「表面的な復興」のなかに埋もれていった遺骨や被爆孤老、後遺症、差別の重荷といった「原爆の傷跡」に同記事は光を当てている。現代の戦争を問うことを通じて、戦争の痕跡を問う視点は、先の戦争における「加害の記憶」を問うことにもつながった。編集長の高野弘は、一九七一年八月号の編集後記へ次のように綴っている。

神田神保町・書店街の一角で、かつて日中戦争当時の日本軍による「南京虐殺」の写真展が催されていた。文字通り目をおおうばかりのすさまじい場面が、たちまち見る者すべてを沈黙におとしいれる。日本人が「ヒロシマ」を忘れないように、中国人は決してこの悲劇を忘れないだろう。またその一隅に「ソンミ」の写真のあったのが印象をさらに強烈にした。[28]

日中戦争はどうして起こったか？

栄光なき日中戦争《開戦》始末記

史上最大の殺りくの《原点》に脚光をあて民族の悲劇の根源にせまる戦争論！

姫田光義

図5-3 「栄光なき日中戦争開戦始末記」（『丸』1971年11月号）

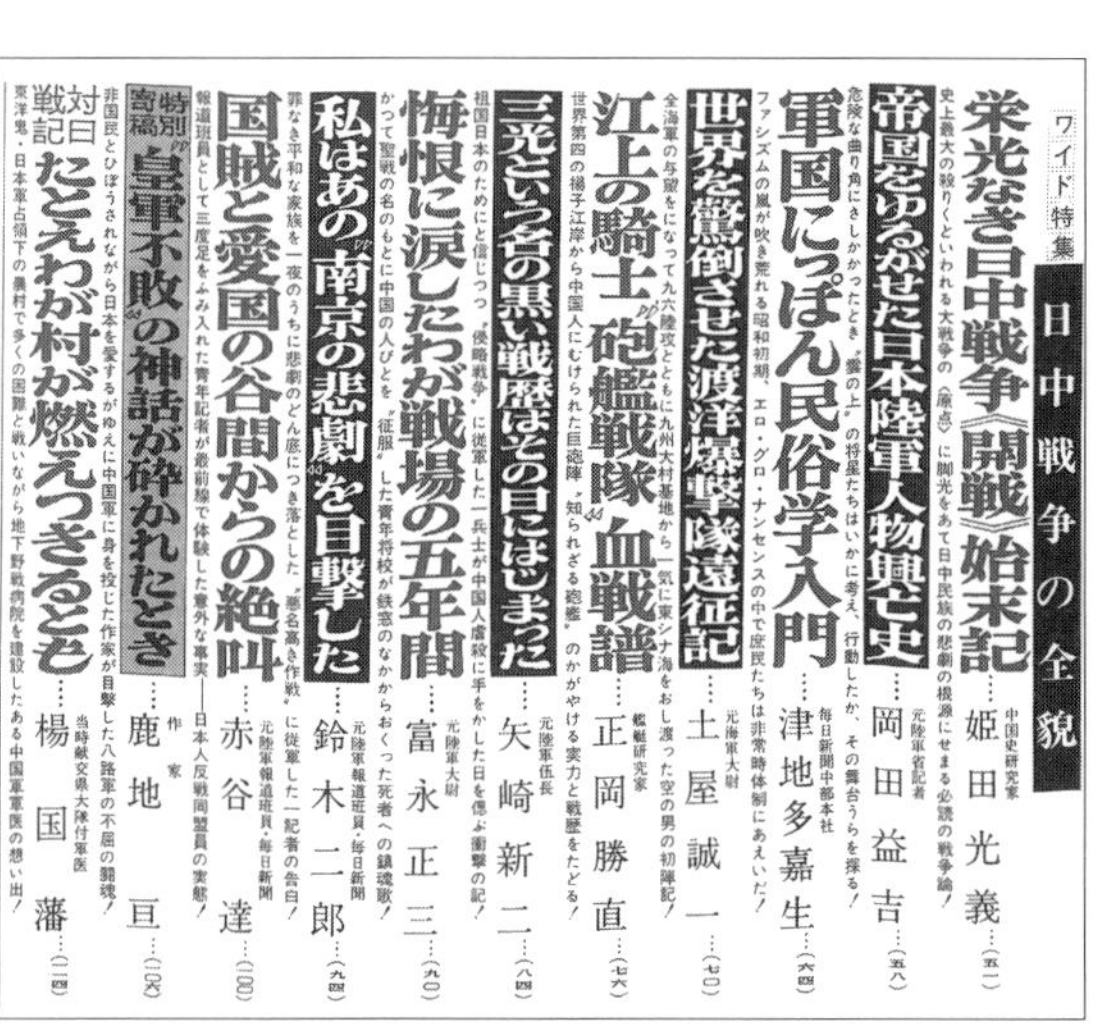

ワイド特集 日中戦争の全貌

栄光なき日中戦争《開戦》始末記……中国史研究家 姫田光義…（五一）
史上最大の殺りくといわれる大戦争の《原点》に脚光をあて日中民族の悲劇の根源にせまる必読の戦争論！

帝国をゆるがせた日本陸軍人物興亡史……元陸軍省記者 岡田益吉…（五八）
危険な曲り角にさしかかったとき〝雲の上〟の将星たちはいかに考え、行動したか、その舞台うらを探る！

軍国にっぽん民俗学入門……毎日新聞中部本社 津地多嘉生…（六四）
ファシズムの嵐が吹き荒れる昭和初期、エロ・グロ・ナンセンスの中で庶民たちは非常時体制にあえいだ！

世界を驚倒させた渡洋爆撃隊遠征記……元海軍大尉 土屋誠一…（七〇）
全海軍の与望をになって九六陸攻とともに九州大村基地から一気に東シナ海をおし渡った空の男の初陣記！

江上の騎士〝砲艦戦隊〟血戦譜……艦艇研究家 正岡勝直…（七六）
世界第四の揚子江岸から中国人にむけられた巨砲陣〝知られざる砲艦〟のかがやける実力と戦歴をたどる！

三光という名の黒い戦歴はその日にはじまった……元陸軍伍長 矢崎新二…（八四）
祖国日本のためにと信じつつ〝侵略戦争〟に従軍した一兵士が中国人虐殺に手をかした日を偲ぶ衝撃の記！

悔恨に涙したわが戦場の五年間……元陸軍大尉 富永正三…（九〇）
かつて聖戦の名のもとに中国の人びとを〝征服〟した青年将校が鉄窓のなかからおくった死者への鎮魂歌！

私はあの〝南京の悲劇〟を目撃した……元陸軍報道班員・毎日新聞 鈴木二郎…（九四）
罪なき平和な家族を一夜のうちに悲劇のどん底につき落とした〝悪名高き作戦〟に従軍した一記者の告白！

国賊と愛国の谷間からの絶叫……元陸軍報道班員・毎日新聞 赤谷達…（一〇〇）
報道班員として三度足をふみ入れた青年記者が最前線で体験した意外な事実――日本人反戦同盟員の実態！

特別寄稿 〝皇軍不敗〟の神話が砕かれたとき……作家 鹿地亘…（一〇八）
非国民とひぼうされながら日本を愛するがゆえに中国軍に身を投じた作家が目撃した八路軍の不屈の闘魂！

対日戦記 たとえわが村が燃えつきるとも……当時献交県大隊付軍医 楊国藩…（一一四）
東洋鬼・日本軍占領下の農村で多くの困難と戦いながら地下野戦病院を建設したある中国軍軍医の想い出！

図5-4 「日中戦争の全貌」（『丸』1971年11月号）

ここでいう「ソンミ」の写真とは、ベトナム戦争下の一九六八年、南ベトナムのソンミ村で発生した虐殺事件である。アメリカ軍によって行われた現地住民の虐殺事件は、当時アメリカ国内外で大きな批判を浴び、反戦運動が盛り上がるきっかけともなった。

高野は「南京虐殺」の写真展に触発され、ベトナム戦争で「ソンミ虐殺」を同列の問題として語っている。日本にとって「ヒロシマ」は被害の象徴であり、「南京虐殺」は加害の象徴であった。当時の『丸』を主導した高野にとってベトナム戦争という現在の戦争は、先の大戦における被害と加害の記憶を連想させ、それぞれを交錯させるものであった。

実際、本誌においても一九七一年一一月号で「日中戦争の全貌」が特集される。巻頭に掲載された中国史研究家の姫田光義による「栄光なき日中戦争《開戦》始末記」では、日中戦争について次のように結論付けている。

> 日本の侵略主義は、中国の民族解放運動＝抗日戦争によって阻止され、それを打ち破るためにふるった蛮勇が、ますます中国の民族意識をかためさせ、さらに列強の対日

強硬などをよび、反ファッショ国際統一戦線を結成させる一要因となってゆくのである。

こうして日本軍国主義、日中戦争という泥沼のなかにより大きくふみ出し、さらに世界大戦をひきおこして、自滅への道を歩むことなるのである。(29)

その他、当時毎日新聞社会部・陸軍報道班員鈴木二郎「私はあの〝南京の悲劇〟を目撃した」や、鹿地亘「〝皇軍不敗〟の神話が砕かれたとき」などが掲載された。同号にあたっては、編集後記においても編集部の菊池征男が日本軍の侵略の問題について次のように言及している。

いきなり自分の家に、他人が土足であがりこんできたらあなたはどうするか――きっと怒るにちがいない。それに似たようなことがいまから約四〇年まえに、中国大陸を舞台にしておこなわれた。それも〝聖戦〟という名のもとで。私たちは、この原点に立ってもう一度、日中戦争を考えてみる必要があるのではないか。この戦争はいまだに後始末がされていない。(30)

一九七〇年代初頭、ベトナム戦争の衝撃のなかで、『丸』の編集部や読者は、高度成長期の繁栄を謳歌する日本社会の矛盾を感じさせた。その矛盾は、「戦争の痕跡」を掘り起こす視点を喚起し、沖縄や広島、そして南京の問題が取り上げられるなかで、現代の戦争から先の大戦を想起し、加害と被害の意識が接続されようとしていた。

同時期に掲載された軍事評論家・高橋甫「拝啓ニクソン大統領殿」においては、過去の加害から現代の加害を考える視点が提示されている。ベトナム戦争が泥沼化するなかで企画された一九七〇年七月号「緊急特集　インドシナの悲劇と日本」のなかで、映画作家・井出昭「私は血みどろのラオス戦争を見た」や、評論家・松岡洋子「〝ポストベトナム〟は幻想だった」、軍事評論家・小山内宏「米中ソ〝インドシナ戦争〟損得論」などと並んで同記事は掲載された。アジア・太平洋戦争時、海軍省の兵務局や軍務局に在籍していた高橋は、以下のように語る。[31]

私は、旧日本帝国海軍に勤務した、石頭のもと軍人です。

そのころ、わたしたちは、極東の安全すなわち日本の安全につながると信じ、日本の安全を保障するためには、あえてアジア安定に主役を買って出なければならない、と考えていました。

そのために帝国の陸海軍は、まず中国の征服を夢み、ことさらに謀略をこうじて〝満州事変〟を挑発し、〝北支事変〟を挑発し、〝上海事変〟を挑発して、中国大陸全土を戦火にまきこみ、日中戦争という宣戦布告なき戦争を中国にしかけました。

数百万の大軍が中国におくられ、東奔西走、四百余州を軍靴でふみにじって、殺しつくし、焼きつくし、奪いつくす、残虐な大作戦をいくたびとなく展開しましたが、ついに中国人を屈服させることはできませんでした。

その状態は、ここ数年間のベトナムにおけるアメリカ軍の状態と、まったく瓜二つであったといえましょう。泥沼に足をとられたかっこうになった帝国陸海軍は、進むこともできず、退ぞくこともできず、進退両難におちいりました。軍議は分裂し、苦悩はますばかりでした。

ですから、ベトナムにおける、昨今のアメリカ派遣軍の窮状と苦悩は、わたしにはよくわかります。[32]

自らも「アジア安定に主役を買ってでなければ」と考えていたなかで、日中戦争に突き進んでいったかつての日本軍の姿を反省的に高橋は振り返る。そのうえで高橋は、そうした日中戦争での旧日本軍の姿を、ベトナム戦争で拘泥を極めるアメリカの姿に重ね合わせるのであった。編集部も高橋の論稿について「〝極東の安全と平和〟の一枚看板をかかげて大軍を送りこみながら、はてしなくひろがるインドシナ戦争の底なし沼に足をとられてもがくアメリカ――その苦悩する大国にかつて大東亜共栄圏の大いなる夢を描いてアジア侵略に手を染めて〝破産した大日本帝国〟の一海軍中佐がおくる諫言状」と紹介するなど、旧日本軍の当事者による日中戦争とベトナム戦争との連関を強調している。[33]

過去の反省を踏まえて、高橋は現在のベトナム戦争を次のように論じている。

アメリカが軍事的にどれほど強大であっても、他国に軍事的侵略をおこない、侵略された国民が、祖国防衛の明確な意思をもって武器をもってたち上がり、全人民が全生活をたたかいとして組織し、一致団結してたたかうならば、どんな武器をもってしても、またどんな戦法をもってしても、これをうちやぶることはできません。

これが人民戦争の法則というものであり、原水爆時代のこんにちの軍事の世界に、核兵器の対象物としてあらわれた、人民武装勢力（人民軍）の出現によって、立証されたものなのです。

中国侵略戦争の敗北のなかに、この真理を悟るべきであった日本帝国は、ちょうど貴下のせりふのように「神国日本は敗北するわけにいかない」と頑張って、軍事をエスカレートさせ、ついに大東亜戦争に突入して、元も子もなく、帝国を滅亡させてしまいました。[34]

自らの軍隊経験を批判的に振り返る高橋自身は、軍事評論家として『丸』などにしばしば寄稿する傍らで、当時原水協や日本平和委員会でも活動するなど、平和運動へ積極的に参与していた。[35] その意味で旧軍人としては特異な存在であったが、当時の『丸』はそんな高橋の論稿を大きく掲載していた。

軍事民論
特集第一号 目次
特集 核支配の現実と反核の論理
米国の核戦略とアジアにおける展開……八木沢 三夫 6
「核持込み」と日米安保体制……山川 暁夫 19
自衛隊の核武装戦略……藤井 治夫 70
核戦略のディレンマ……小山内 宏 33
核被害限定論の陥穽……早川 康弌 53
日本の核兵器生産能力……服部 学 58
プルトニウムと「超高度管理社会」……池山 重朗 39
〈特別資料〉核戦略・核兵器のすべて……軍事問題研究会 79

軍事論壇
「軍事研究」とわたし 秦 豊 そしていま、何かが……
岡本 愛彦 パン・メ・トートからサイゴンへ 田宮 五郎
朴政権と「北の脅威」宣伝 韓 桂玉 手づくりの思想で民衆と
ともに 藤井 治夫 平和戦略としての軍事研究を 北岡 和義 146
再編強化に向う米軍基地と自衛隊……中谷 直夫 111
能勢ナイキ闘争の新たな地平……和田 長久 117
軍事図書室 ソ連軍事論の現段階……大沢 勇 124
軍事問題研究会 設立趣意書
軍事問題研究会 機関構成名簿 軍事問題研究会 会則 107
非武装の条件……福島 新吾 136
武器なき民の声……五味川 純平 129
巻頭言……1 目次……4 編集後記……154

図 5-5 『軍事民論』特集第 1 号目次（1975 年）

革新軍事評論家の浮上

ベトナム戦争や七〇年安保をきっかけに現代の軍事への関心が高まるなかで、この時期の『丸』の誌面には「軍事評論家」を名乗る論客が登場する。具体的に、「軍事評論家」の肩書きで頻繁に寄稿していた論者としては、小山内宏、藤井治夫、前田哲男らが挙げられる。

「軍事評論家」を名乗る新たな論客人たちの共通点は、軍事問題研究会に関わりを持っていたことである。軍事問題研究会は一九七五年に結成された団体で、「わが国の軍事問題および世界とアジアの軍事情勢」についての「民主的立場」からの「研究運動」を掲げていた[36]。同会の「機関構成名簿」によると、小山内は代表理事筆頭を務め、藤井は常任理事兼事務局長、前田も編集委員兼事務局員を担当していた[37]。その他、代表理事には『人間の条件』などの戦争文学で知られる作家の五味川純平や、常任理事としてべ兵連でも活動していた評論家・武藤一羊なども名を連ねている。会の活動が本格化するなかで、機関誌『軍事民論』も発行され、一九七五年七月に刊行された特集第一号では編集人・小山内宏、発行人・藤井治夫の名が記載されている[38]。『軍事民論』は「軍縮や平和を求める立場から軍事を論じる」雑誌としても評されている[39]。

軍事問題研究会が設立された背景には、ベトナム戦争の衝撃があった。小山内は「ヴェトナム戦争は、わが国において軍事評論を求めさせ、振興させ、軍事評論家なるものを多く生んだ」と説く[40]。とりわけ「アメリカに盲従して米軍のヴェトナム出撃に協力した日本政府の姿勢は、今日において一種の戦争責任を問わなければならない」という視点に立つ小山内にとって、「軍事評論＝戦争分析に携わるものの責任は重い」ものであった[41]。『丸』において、小山内宏は、一九六五年一二月号での「ベトナム戦争の主役ベトコン＝ゲリラを斬る」を初出とし、一九七八年に死去するまでに、計三八本の記事を寄せている。小山内は当時『丸』だけでなく、『朝日ジャーナル』や『軍事評論』にもベトナム戦争や自衛隊に関する記事を寄稿し、『少年マガジン』の巻頭特集の軍事関連企画などにも関与していた。福嶋亮大によれば、一九六六年に小山内が担当した『少年マガジン』での企画（「空飛ぶ陸戦兵団」）は、「ヴェトナム戦争に臨む降下作戦を解説し、ヘリコプター空母を図解し」、「米軍の最新鋭の装備と戦いぶりを紹介するこの記事は、アメリカのプロパガンダと見分けがつかない」と指摘する[42]。先に紹介した「軍事評論＝戦争分析に携わるものの責任は重い」という小山内の弁は、ベトナム戦争開戦当初においてアメリカ

1965 年 12 月号	ベトナム戦争の主役ベトコン＝ゲリラを斬る
1966 年　1 月号	自衛隊「三次防」案の正体
3 月号	現代の陸軍師団はかく変わった
5 月号	アメリカ太平洋艦隊はどこまで戦えるか
11 月号	この目でみたアメリカ最強の機甲師団
12 月号	米海兵師団――その脅威の履歴書
1967 年 11 月号	『北爆』は成功しているか
1968 年　1 月号	ディエン・ビエン・フー大会戦始末記
3 月号	‘68 世界の軍事情勢を占う
4 月号	この目でみた原子力艦隊の秘密
6 月号	ヴェトナムの MAC・空輸軍団
8 月号	原潜／その恐るべき大戦略
9 月号	異色放談――こんにちは日本人（5）悩める巨人アメリカを斬る
12 月号	特殊部隊グリーンベレーの正体
1969 年　1 月号	密林の底こそわが戦場
4 月号	沖縄カデナ空軍基地の全貌
12 月号	現代スパイ戦術入門
1970 年　5 月号	これが 70 年代のゲリラ戦用兵器だ
7 月号	米中ソ〝インドシナ戦争〟損得論
9 月号	米インドシナ派遣軍の全貌
1971 年　2 月号	`71 世界の危険地帯とびある記
3 月号	米核戦略の変換と日本の基地
4 月号	米極東戦略と日本のゆくえ
5 月号	ラオス侵攻作戦を分析する
6 月号	米原子力艦艇みてある記
7 月号	恐るべき機甲師団の空中機動化
8 月号	米海兵隊＝その強さの秘密
9 月号	海兵第 2 師団と第 2 航空団
11 月号	軍事的秘境・ICBM 部隊
同月号	究極友人偵察機 SR71 の秘密
1973 年 12 月号	CVA41、覇権を奪回せよ
1974 年　4 月号	現代海戦の主役・最新鋭艦艇戦力白書
5 月号	米ソ新戦略とインド洋孤島要塞の全貌
1975 年　2 月号	極東戦略『日・韓・米』新方式総点検
7 月号	勝利と敗北を決した戦略・戦術全調査
10 月号	軽量級戦闘機こそ〝ニッポン空軍〟FX の本命だ
1976 年 10 月号	中東ゲリラの花形コマンド徹底解剖
1977 年　1 月号	これがクレムリン作戦室の〝軌道修正〟プランだ

表 5-1 『丸』における小山内宏の執筆記事一覧

図5-6　小山内宏（『丸』1968年9月号）

軍へ加担するかのようにもみえる記事に携わった自らの「責任」をも問うたものであったといえよう。

もっとも小山内自身、必ずしもアメリカ軍の侵攻に肯定するような論陣を張っていたわけではない。むしろ反対に、小山内はアメリカ軍に協力する日本政府の姿勢へ批判的な立場を取っていた。『丸』においても小山内の著書『これが自衛隊だ』（ダイヤモンド社、一九七四年）は次のように評されている。

一九七三年九月七日、自衛隊は憲法九条第二項に違反し、違憲である、とする長沼ナイキ裁判の判決が下った。

戦後、ものわかりのよくなりすぎた国民の大部分が、諦めからにしろ利害関係からにしろ、〝タテマエと本音〟のちがいと、黙視してきていた問題に衝撃があたえられた。

その重大な判決さえも、いずれ最高裁で覆えされると、すでに風化しかけている風潮すらある中で、戦中派の一人として、平和を求めるために軍事研究をつづけてきた著者が、判決を最終・最強力の発条として、自衛隊と取り組んだのが本書である。[43]

小山内は、鶴見俊輔が監修を務めた『平和人物大事典』（日本図書センター、二〇〇六年）においても「平和を求める立場から積極的な軍事評論活動を展開」した革新派の軍事評論家として紹介されている。[44] 劇作家の小山内薫の次男として一九一六年に生まれた小山内は、戦時期にフィリピンで陸軍に所属し、その後一九六〇年の安保闘争に刺激され、渡米して軍事研究に取り組むようになった。[45]

小山内は『ヴェトナム戦争』（講談社、一九六五年）を皮切りに、上記『これが自衛隊だ』など一九七〇年代半ばまで多数の現代戦や軍事、安全保障に関する書籍も刊行する。『丸』においても小山内の書は、長沼ナイキ裁判との関わりが繰り返し言及されるなど、自衛隊の問題性が強調されている。興味深いのは、同書に対する『丸』の評価である。

しかし、長沼裁判においても洗い出されたとおり、仮想敵国がソ連であるとしたならば戦略軍の規模をもちえない自衛隊は、本土を一週間も侵攻からまもりうるかどうか疑わしい、と証言されている。あとは、安保による米軍の援助を待つしないのだが、つねにそれを期待できたとしても、戦場となる本土はヴェトナム以上の惨禍にさらされることは確かだとすれば、結論は一つしかないだろう。

国を守り、生きた国民の生命を守るためには、〝いずれの国とも平和・友好を保つ平和国家〟の道しかない、という。平凡な結論というものもあろうが、それをささえる著者の平和への意志と論証の精緻さは、非凡である。必読書である。(46)

当時の『丸』編集部は、反戦平和主義の観点に基づいた小山内の論を、「平凡な結論」として退けるのではなく、むしろ「平和への意思や論証の精緻さ」を評価し「必読書」としている。現代戦への関心が高まるなかで『丸』の誌面は、「反戦平和」を掲げる小山内の軍事評論を積極的に包摂していった。

軍事力と兵器メカニズムから説く「平和主義」

一九七八年に病没した小山内を引き継ぐ形で軍事問題研究会の主宰を務め、同時に『丸』の主要な軍事評論家の立場を担っていくのが、藤井治夫であった。藤井は二〇〇〇年までに延べ九二本の記事を『丸』へ寄稿し、さらに光人社から単行本も三冊刊行している。

図5-7　藤井治夫（『朝日新聞』2013年11月8日夕刊）

一九二八年に和歌山に生まれた藤井は山口経済専門学校（現・山口大学）を中退後、地元の和歌山県地方労働組合評議会専門委員などを務めた[47]。上京した後、『しんぶん赤旗』の編集部に所属し、日本共産党の機関誌『前衛』や「ベ兵連」の機関誌『ベ兵連ニュース』に自衛隊に関する論稿を寄せるなかで、軍事問題研究会の発足に参与した[48]。その後も九条連共同代表を務めるなど、二〇一二年に没するまで一貫して「平和主義」を掲げる運動に携わった人物である。

もともと藤井は「平和をつくる営みの一つ」として「軍事問題の研究」に取り組むようになったと語る[49]。藤井の自著『戦争がやってくる』では、「戦争のない世界をつくるには、戦争の根っこを断ち切ることが必要です。戦争の必要条件といえる軍隊と軍事同盟、侵略と差別をなくしていく努力が求められています」と説いている[50]。その理念は、いわゆる革新論者の「平和主義」といえるものである。

しかしそうした革新派の論稿がこと軍事雑誌で盛んに掲載されているのは、今日のわれわれからするといささか奇異にも映る。では、なぜ『丸』に藤井が積極的に登場したのか。

藤井の特徴は、ただ単に抽象的な「平和主義」の理念を説くのではなく、東西冷戦下における各国の軍事力や現代兵器のメカニズムを詳細にかつ具体的に論じながら、「平和」のあり方を検討していく点にある。

詳細な軍事解説を行いながら「平和主義」を説く藤井のスタンスは、自らの戦争体験に裏打ちされたものであった。一九四五年八月一四日、一六歳だった藤井は、軍需工場での「学徒勤労」により移動中の岩国駅でB29による空襲に遭遇した。岩国空襲の体験について「戦争が実感できたのは、このときがはじめてでした。人間が、どのようにして殺されるのかを、私ははじめて体験したのです」と藤井は述べている[51]。命からがら駅から逃げだし、道端の防空壕に飛び込んだ藤井は何とか難を逃れた。この「破滅駅」での体験こそが藤井を軍事評論家へと向かわせ

1972年　2月号	アジア最強空軍が描く日本列島防空の秘策
1973年　3月号	この目でみた中国人民解放軍
1974年　5月号	国産原子力潜水艦建造〔秘〕プラン全調査
1974年 12月号	これが〝戒厳令〟下で出動する自衛隊の鎮圧部隊だ
1975年　1月号	私は中国人民解放軍に〝中ソ開戦の日〟を見た！
1975年　5月号	〝被告・新国〟にくだった〝鬼ッ子〟判決かなし
1976年　2月号	76〝ポスト四次防〟新防衛プランの問題点を斬る
1976年　5月号	汚れた手〝最高裁判所判例要旨統帥部〟に泣く防衛最前線潜行記
1977年　5月号	〝在韓米軍撤退〟が発火点となった〝日韓防衛機構〟危険度全調査
1977年　7月号	日本領海波高し『自衛艦隊』が出動するとき！
1977年　8月号	日の丸オキナワ〝米軍基地〟総点検
1978年　2月号	変貌する中国人民解放軍の〝新しき現実〟をみた！
1978年　9月号	〝調達実施本部〟金脈・人脈研究
1979年　7月号	F15戦術戦闘機の運用法を斬る
1979年 10月号	石油狂乱〔陸海空自衛隊〕オイル費消量統計学
1979年 11月号	ドキュメント『国防会議』24時

表5-2 『丸』における藤井治夫の執筆記事（1970年代）

るきっかけとなる。このことについて、藤井は以下のように語っている。

　のちに岩国市役所を訪れたときに、米空軍が撮影したという航空写真を見ました。市街地に無数の穴ができています。二百二十五キロ爆弾が落下すると、深さ約五メートル、直径約十メートルのじょうご型の穴ができるのです。破片による死傷半径は百五十メートルまでです。

〃もしも、穴のところにいたとしたら〃と思うと、いまでも背すじが寒くなります。とりわけ、岩国駅の周辺が徹底的に破壊されていました。

　アメリカ戦略空軍の司令部は、この年七月になって日本の鉄道を最高順位の爆撃目標にすると決定していたのです。もし列車の到着が十分遅れていたとしたら、私も数百名の犠牲者の一人となり、十六歳で人生を終えていたわけです。(52)

　このように戦略爆撃の意図と投下された爆弾の威力を詳細に解説しながら、同時に「もしも、穴のところにいたとしたら」というように、藤井は「加害」と「被害」の視点を交錯させる。

ベトナム戦争についても「爆弾や砲弾、燃料その他の軍需品の多くは、日本本土と沖縄から補給された」としたうえで、次のように説く。(53)

この戦争で、ベトナムの人たちは大きな被害を受けました。このばあいの加害者は、アメリカです。そのアメリカに協力することによってえられた日本の繁栄とは、なんでしょう。こうした歴史の事実にたって私たちは、軍事基地や安保条約がなんであるかを問いつづけなくてはならないのです。(54)

先述した『丸』での読者と同じように、藤井もまたベトナム戦争を通して、「日本の繁栄」の裏にある「加害者」アメリカへの「協力」とベトナムの人々の「被害」に目を向ける。こうした視点は、藤井の戦争体験や平和主義を掲げた市民運動への参加のなかで培われたものであろうが、藤井はアメリカ軍の最新兵器の「威力」を詳細に説明し、実際の戦場でどのように使用されるか描き出すことによって、「被害」と「加害」の意識を喚起しようとしていた。

藤井はベトナム戦争後も、『丸』において冷戦下での米ソや東アジア諸国の軍事力、また日本の自衛隊や防衛政策についての記事を寄稿していった。「この目でみた中国最新事情」（一九八二年一二月号）で、「教科書問題をめぐって中国側のキャンペーンがつづいている最中」に中国を訪れた藤井は次のように綴っている。(55)

「自衛力」の保有をめぐる〝日中論争〟は、長い歴史をもっている。中国が半植民地的・半封建的支配からの解放をかちとるうえで、人民解放軍は決定的な力の一つであった。だから「人民の軍隊がなければ人民のすべてはない」と、よくいわれるのである。

だが、日本国民の軍隊認識は、それとはまったくちがう。軍隊が災いの源だったのだ。日清戦争から数えて五十年間、日本国民はひたすら「富国強兵」をめざし、そのためにすべてを犠牲にした。生活も福祉も、人民も民主主義も、さらに生命までもささげつくしたのだった。その結果として得たものは、ヒロシマ、ナガサキ、オキナワの悲劇だった。

日中両国は隣国とはいえ、国民的体験はまったくちがう。そこに住む人びとは、それぞれに歴史を受けて生きているのだ。その歴史は、まずその国の歴史なのであって、人類史ではない。そのことを痛感させられたのが、六月以来の教科書問題だった[56]。

ここでいう教科書問題とは、一九八二年に翌年から使用される高校社会科の教科書検定をめぐって、「侵略」が「進出」へと書き換えられた点について、中国・韓国からの批判を浴びた外交問題を指す[57]。この教科書問題を通し

1976年 3月号	太平洋新要塞〝米マリアナ基地〟パノラマ報告
1977年10月号	伊号124潜海底の〝熱き暗号戦争〟に甦る！
1978年12月号	40ノット〝海上防備隊〟防衛番外地をゆく
1979年 7月号	作戦室が描く5000t級新戦略の内幕
1980年 4月号	環太平洋戦略が描く疑惑ある未来図
5月号	環太平洋『カーター新戦略』の近未来を占う
9月号	戦艦ミズーリ〝奇蹟〟の周辺
10月号	19…X年〝北海道11日間戦争〟の虚構をきる
11月号	US戦略潜水艦〝海面下の交代劇〟全速報
12月号	外洋型〝海保艦隊〟有事オペレーション未来図
1981年 1月号	インド洋上の孤島要塞ディエゴ・ガルシア全研究
5月号	アメリカにも叱られた『茶番劇』は終幕せよ
7月号	現代海底戦略〝原潜秘密マップ〟解読法
9月号	近未来の夢『環太平洋圏構想』の中味を吟味する
1982年 3月号	米ソ〝スーパー原潜〟深海の近未来戦争全解剖
1983年 1月号	アフガン〝ゲリラ地帯〟潜入記①
2月号	アフガン〝ゲリラ地帯〟潜入記②
3月号	アフガン〝ゲリラ地帯〟潜入記③
4月号	エンプラ艦隊『核＆電子エリア』とびある記
6月号	近未来〝シーレーン防衛論〟虚々実々物語

表5-3 『丸』における前田哲男の執筆記事

て歴史認識のギャップが日本と東アジア諸国の間で国際問題化していった。藤井は「かつての満州に、日本軍国主義の侵略の傷あとを見ることが、こんどの訪中の最大の目的だった」と述べるように、現代の軍事と過去の戦争の痕跡を重ね合わせながら論じようとしていた。

軍事問題研究会の関係者でいえば、前田哲男も一九七〇年代半ばから一九八〇年代初頭にかけて二〇本寄稿している。前田は、日中戦争での日本軍による重慶への戦略爆撃こそが、その後の第二次大戦でのゲルニカ空襲や広島長崎への原爆投下への端緒となったことを指摘した『戦略爆撃の思想』（朝日新聞社、一九八八年）などで知られる。一九三八年生まれの前田は、一九六一年に入社した長崎放送で放送記者となり、原子力空母エンタープライズの佐世保寄港問題を取材するなかで、軍事への問題関心を深めていった。[58] 一九七一年に長崎放送を退社後、フリーのジャーナリスト、さらに東京国際大学教授や沖縄大学客員教授として「軍縮、平和を求める立場から評論活動を展開」していくが、[59] その初期の場の一つとなったのが『丸』であった。

小山内にしても藤井にしても、また前田にしても、革新的な立場から軍事を論じる点から、いわば革新軍事評論家といえよう。軍事に精通しながら、むしろ精通しているからこそ軍事を批判的に論じる革新軍事評論家が一九七〇年代、『丸』の誌面を飾っていた。

「防衛庁におぼえがめでたくない」雑誌

一九七〇年代の『丸』においては、読者欄で自衛隊の存在が論じられ、誌面でも革新的な軍事評論家が日本の安保体制を追求していた。さらに編集後記でも政権への皮肉や軍備への懐疑は綴られた。

当時、日本の安全保障のあり方をめぐって、注目を集めた増原内奏問題への言及に、編集部の姿勢は顕著となった。防衛省設置法および自衛隊法の防衛二法に関する審議を控えた一九七三年五月、当時の防衛庁長官・増原惠吉が昭和天皇の「内奏」として「旧軍の悪いところはマネせずいいところを学んでほしい」というコメントを公表した。増原は天皇から「勇気づけられた」とコメントしたが、この「内奏」をめぐって野党からは天皇の政治利用ではないかと批判され、結局増原は防衛庁長官を辞任するに至った。

一連の騒動をめぐって、『丸』の編集後記では以下のように綴られた。

> 『「……旧軍の悪いところはマネせずいいところを学んでほしい」と陛下がおっしゃった』と得々として防衛庁記者に語り、クビがとんだ増原防衛長官ドノ、ご存じなければわが誌をお読み下さい。旧軍のいいところなんか一つもありません。ましてや「天皇の軍隊」が、中国大陸を血で染めた虐殺と略奪の歴史は、ぬぐい去ることのできない汚点です。『丸』が発刊二十六年後の今日なお読まれていることへの意味を読み取っていただきたいものです(60)。

「旧軍のいいところなんか一つもありません」と言い切り、『丸』を読むことで天皇の戦争責任や日中戦での加害の問題が分かると編集部は説いている。一九五〇年代に戦記特集化し「胸のすくような快勝の記録」を強調していた頃と比べると、その意識は大きく転換していた。

こうした編集長の姿勢を反映してか、当時の誌面においても旧日本軍の加害の問題を扱う記事も掲載された。一九七四年七月号で企画された特集「航空戦術入門　日本空戦史」では、遠

図5-8　「ある反軍将星〝重慶爆撃〟ざんげ録」(『丸』1974年11月号)

藤三郎「ある反軍将星〝重慶爆撃〟ざんげ録」などはその典型であろう。当時第三飛行団長・元陸軍中将の重慶爆撃に関与し中止を訴えた遠藤による寄稿は、「九七式重爆一戦隊をもって重慶を爆撃せよ――という軍上層部の命令に、戦争のもつ残酷で悲惨で愚劣な素顔を思いしらされた元将軍が平和への祈りをこめて告発する武力戦争の罪と罰」として紹介されている。[61] そのなかで遠藤は、「今日の総理大臣はじめ政治家諸君ならびに防衛庁関係高級幹部の軍事、兵学の蘊蓄は、はたしてどれほどであろう」とし、次のように述べている。[62]

昔より軍隊は戦争の抑止力ではなく、むしろ起爆剤であったことは、歴史がよく証明しているとおりである。軍備がなければ国があぶない――というような理論は、軍備をおのれの番犬とし、爪牙として特権を維持拡張しようとする悪らつな特権的政治家と、軍備と戦争により巨利をえようとする悪徳軍需産業家、いわゆる〝死の商人〟と、軍隊を住み家とし、戦争をおのれの栄達の具とする職業軍人の策謀にすぎないのである。

われわれ国民大衆は、その策謀をみやぶり、軍備国防の旧慣から一日もはやくぬけださねばなるまい。幾百万の生命と幾百兆円（現貨幣価値に換算）の財を犠牲にしてかち得た新日本憲法、すなわち戦争と軍隊とを放棄し、善隣外交を国防の基本とした世界にほこるべき、このすぐれた憲法を完全になしとげ、平和国家のあり方を全世界にしめすことが、そのまま世界平和に貢献し、しかもわれわれに生き甲斐を与えるものではないだろうか。[63]

重慶爆撃に至った旧日本陸軍軍人としての「ざんげ」を踏まえ、遠藤は「軍備国防論者に猛省をのぞむところである」と結論付けている。[64] ここでもまた過去における加害の記憶から、現代の軍事への批判的な視座が提示されている。戦後、社会党を中心に結成された「憲法擁護国民連合（護憲連合）」などの平和運動にも参与していた遠藤は、[65] まさしく前田哲男が重慶の戦略爆撃の問題を扱ったように軍事問題研究会らの関係者とも近しい立場を採っていたことが推測される。

こうして誌面上で国家や軍事への批判や懐疑が綴られるなかで、次第に『丸』という雑誌自体の評価も変化していった。高野は次のように述べている。

「おたくは何か旧軍組織とかかわり合いがおありで……」と、十余年前にはよく尋ねられたもの。なかには判然と国酔(ママ)派？　との血縁の有無を問う人もあった。ところが変われば変わるもの、近ごろでは「おたくはどうも防衛庁にはおぼえがめでたくないようで……」と忠告？　して下さるお方まで出てくる始末。一貫して、戦争とは何かを追求している私たちと、それを読者諸兄が支持してくれている以上、馬耳東風、ゴールなき馬場を黙して疾駆するのみ。(66)

『丸』は、一九七〇年代前半の時期、「現代の戦争」を積極的に取り上げていった。「過去の戦争」に根差して「現代の戦争」を批判的に捉える視座を編集部は堅持し、誌面上では「平和主義」を説く革新軍事評論家の論稿が積極的に掲載された。現代の戦争と過去の戦争が交錯するなかで、軍備（自衛隊）への懐疑や、「被害」と「加害」が接続する認識もみられた。ベトナム戦争などの「現代の戦争」のインパクトが、一時的にそれまで『丸』の基調にあった「反戦平和」への違和感を薄めたともいえよう。それは同時に、防衛庁からは「評判の悪い雑誌」として映るようにもなっていたことも意味した。

とはいえ、「平和主義」の視点からベトナム戦争や日本の軍事を批判的に論じる革新軍事評論家の存在が、『丸』の読者たちから全面的に受け入れられていたわけではない。安保や自衛隊の是非にもみられたように『丸』の読者のなかにも、国際関係のなかでの「安全保障」として軍事力を捉える「現実主義」の読者も存在した。当時の読者欄には次のような意見もみられる。

貴誌の軍事評論家の諸先生のいわんとするところは、だいたい米国が悪であり、中国、朝鮮、北ベトナムが正義のようにいわれていますが、すくなくとも軍事評論をなすばあい、イデオロギーにとらわれるのだけはやめていただきたいと思います。〝平和を欲するものは戦争を理解せよ〟というリッデルハートの意見こそ、貴誌のモットーとしていちばん正しいものではないでしょうか。如何でしょう？[67]

読者たちからの反感は、一九六〇年代に丸少年たちが共感した「教条的な平和主義への抵抗」という『丸』の理念に抵触するものにも映ったからであろう。藤井の評論に対しても「豊富な資料にもとづき」、「卓越した理論には、いつも感心させられる」と評価する一方で、「左翼的偏見が満ち満ちている」と批判する読者の声もみられる。[68]だがそれでも『丸』の編集部は、革新軍事評論家による寄稿を誌面に採用した。その後、一九八〇年代に入っても藤井らの寄稿は引き続き誌面を飾り、さらに軍事問題研究会が主催する「軍事学セミナー」の案内なども掲載された。[69]

軍事評論家といえば今日では保守派をイメージするが、ベトナム戦争下で軍事を積極的に扱うようになった『丸』には現在のわれわれが想起する軍事評論家とは異なる視座から軍事を論じる人々の姿が存在していた。軍事を解説することは、必ずしも軍事を肯定することと同義ではなかった。彼らが説く軍事評論は、現実主義から軍事を論じるあり方とは別の志向を模索するものでもあった。

第六章　個別化する「戦争」——一九七〇年代半ば～

下級兵たちが綴る「カッコ悪い死にざま」

ベトナム戦争をきっかけに革新軍事評論家が活躍した一九七〇年代の『丸』では、戦記のスタイルも変化をみせる。下級兵の戦争体験記が積極的に取り上げられるようになったのである。そこには、従来主流であった参謀クラスによる「カッコいい戦記」を問い直す意味合いも含んでいた。

高崎伝「泣き笑い下級兵士ソントク勘定考」（一九七五年五月号）はその典型であろう。同記事では田河水泡が描いた「のらくろ」の挿絵に重ねられて、高崎自らが経験した下級兵の軍隊生活が悲喜劇として記される。ただし、そこには庶民的な「泣き笑い」だけにとどまらない、「帝国陸軍の組織と慣習」に対する「ウラミ」が込められていた。[1] 旧軍に対する怒りとして高崎は次のように述べる。

> 最悪の戦場で兵隊が全滅して、最高指揮官が自分の階級章をちぎり捨てて、割腹したカッコいいヤツがずいぶんいた。だが、天皇陛下に〝いただいた〟階級章をちぎり捨てていいのなら、兵隊のほうがさきに捨てたかっただろう。
>
> みずから戦わずして腹を切ってカッコいい顔をした

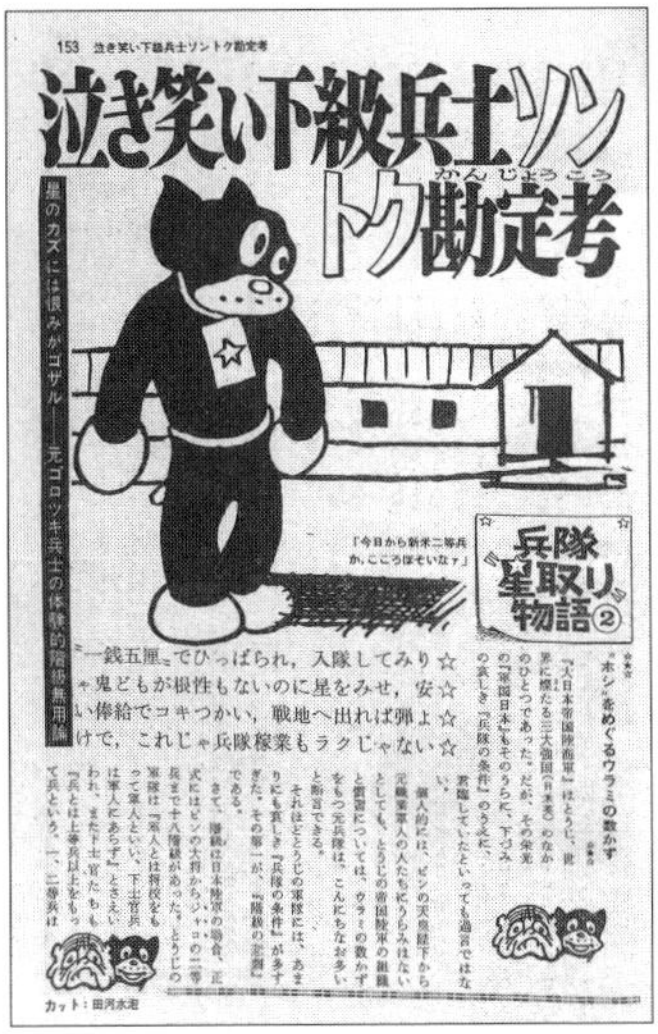
153　泣き笑い下級兵士ソントク勘定考

泣き笑い下級兵士ソントク勘定考

星のカズには恨みがゴザル——元ゴロツキ兵士の体験的階級無用論

兵隊〝星取り〟物語②

〝一銭五厘〟でひっぱられ，入隊してみりゃ鬼どもが根性もないのに星をみせ，安い俸給でコキつかい，戦地へ出れば弾よけで，これじゃ兵隊稼業もラクじゃない

〝ホシ〟をめぐるウラミの数かず

カット：田河水泡

図 6-1　高崎伝「泣き笑い下級兵ソントク勘定考」（『丸』1975 年 5 月号）

図6-2　高崎伝（『丸』1969年10月号）

ヤツを「勇将、名将」として歴史に美名を残そうとしたヤツを、元兵隊としてだんことしてゆるすべきではない。
最悪の戦場でたくさんの兵隊たちが、いかにカッコ悪い死にざまをさらしたかをしるべきである。
あのいまわしい帝国陸海軍では、兵隊という目印のための「階級」は戦わない指揮官将校の「死の代役」でしかなかった。
太平洋戦争の最大の犠牲者は、なんといっても兵隊という「階級」をせおわされた、とうじの青年たちである。[2]

下級兵の視点の強調するなかで、階級の低い者ほど「カッコ悪い死にざま」に追いやられる軍隊機構の問題を高崎は描き出そうとした。一九四〇年に陸軍に入隊した高崎は、二二歳から二四歳だった大戦時、陸軍伍長としてガダルカナル島の戦いを経て、ビルマ戦線にも参加している。[3]「白骨街道」というほどの死線をくぐり抜けた高崎は、約二年間のビルマ抑留を経て、一九四七年に復員した。その後、大阪市で警察官を務めたのち、当時は茶商を営みながら、『丸』に寄稿していた。

過酷な激戦地を相次いで体験した高崎は、一九六九年一〇月号の綴込付録「地獄の戦場ソロモンに生きる」で『丸』に登場して以来、一九七六年一二月号までの間に一四回寄稿している。「わたしは兵隊／くたばれ軍旗」（一九七〇年一二月号）、「ぼてじゃこ兵卒、参謀どのに物申す」（一九七三年一月号）などのタイトルにも象徴されるように、これら寄稿のなかで高崎は一貫して、自らがこの目で見た戦友の「カッコ悪い死にざま」と、それを強いた将校への怒り、そして「軍旗」に固執する陸軍組織の不毛さを綴った。さらに一九七四年光人社から『最悪の戦場に奇蹟はなかった――ガダルカナル、インパール戦記』を刊行する。同書について『丸』の書評欄では「〝天皇の蛮族〟

図 6-3　高崎伝「地獄の戦場ソロモンに生きる」（『丸』1969 年 10 月号）

1969 年 10 月号	綴込付録――地獄の戦場ソロモンに生きる
11 月号	綴込付録――最悪の戦場に奇蹟はなかった
1970 年 3 月号	綴込付録――壮烈イラワジ大会戦始末記
7 月号	〝血染めの十字架〟わが青春をかざる
12 月号	わたしは兵隊／くたばれ軍旗
1971 年 1 月号	泣き笑い南太平洋陸戦記
10 月号	泣き笑いビルマ俘虜記
1973 年 1 月号	にっぽん陸軍といれっと奮戦記
8 月号	ぼてじゃこ兵卒、参謀どのに物申す
1974 年 7 月号	孤高の帰還兵〝小野田元少尉〟星一つの悲劇
12 月号	八つ当たり兵隊さん〝憲兵恐怖度〟診断書
1975 年 5 月号	泣き笑い下級兵士損得勘定考
1976 年 3 月号	わたしは自動小銃に〝日本の悲劇〟をみた
6 月号	砲煙なき生き地獄に戦友の声たえて

表 6-1　『丸』における高崎伝の執筆記事一覧

の怒りと悲しみ」と紹介しながら、以下のように評している。

> 書き出しの文章からもうかがえるように、著者には当時ある程度の国家主義的な意識や、自己（の部隊）への誇りを持つ素朴さもあったらしいが、一方、将校以外は虫ケラのようにあつかわれた帝国陸軍への鋭い批判や、どの部隊も自分の部隊が一番強いと思っているのだと考える、冷静な現実認識の能力をも十分にそなえている。
> そして、認識や批判の根底は、常に庶民（兵隊）の立場である。だから、しばしば明治三十八年式以来の三八銃を四十年来使いつづけた軍首脳への痛烈な批判や、〝白骨街道〟に万骨を枯らした牟田口中将への罵詈などが、実にスラスラと出てくるのである。(4)

もちろん宣伝的な意味合いも含んでいるが、高崎の「庶民の立場」から悲喜劇として描く戦争体験記のあり方を『丸』は「硬直した権力なり体制なりへの無言の強烈な告白ともなっている」と高く評価している。(5) こうした高崎の戦記に対しては、当時の読者欄においても「高崎伝氏のような人たちの記事をねがう。どうも旧大尉以上の人たちの記事には、戦争をひとりでやったような記述が多く、反省の色がぜんぜんない」と歓迎する声も見受けられる。(6)高崎の寄稿だけでなく一九六〇年代末より、『丸』の巻末の綴込付録として読者からの長編体験記が掲載されるようになる。

読者からの長編体験記では、下級兵による部隊別・作戦別の詳細な戦場の状況が記された。巻末の長編体験記について、当時の読者欄では次のような投書も掲載されていた。

綴込戦記の西島日出夫氏の戦争体験（ビルマ戦線を記した「幽鬼の群像は泣いている」―引用者）をとくに興味深く読みました。元将校や参謀の手記などは、ともすると自己主張がおおく読みづらいが、一兵士の手記はそれがなく好感がもてる。(7)

将校や参謀の手記よりも下級兵の戦記に、四三歳のこの読者は共感を寄せている。ここでも「自己主張」の多い軍上層部への反感と、その裏返しとして一兵士の庶民的な視点への「好感」が表明されている。

また特集においても、従来の勇壮な空戦記とは異なる趣向の戦記が掲載されるようになった。例えば一九七〇年七月号「悲しき戦記」では、編集長の高野はその意図を以下のように述べている。

戦後二十五年――今日の繁栄の中にもまだまだ戦争の傷痕は残っている。悲しき戦記――それは俗流にいえば実にカッコわるい代物である。しかし戦争を語る以上、この現実をさけて通ることは真実を伝える使命を放棄することにも通ずる。そこで〈時流〉に逆い？　あえて今月の特集とした。(8)

それまで『丸』の誌面の中心を飾った高級参謀やエースパイロットによる勇壮な戦記とは異なり、下級兵たちの

「カッコ悪い」戦記にも目を向けられるようになっていった。「戦争の傷跡」を意識するなかで、これまでとは違う戦争体験記が志向されたのである。

「自分史」としての戦記

下級兵の戦記が増えるなかで、『丸』の誌面には、従来人気を博した海戦や空戦だけでなく、陸戦もしばしば主題となった。例えば一九七五年四月号では「徹底特集 悲しき肉弾 日本孤島戦史」として、ニューギニア島、ペリリュー島、硫黄島、ルソン島といった各「孤島」での地上戦の様子が取り上げられた。

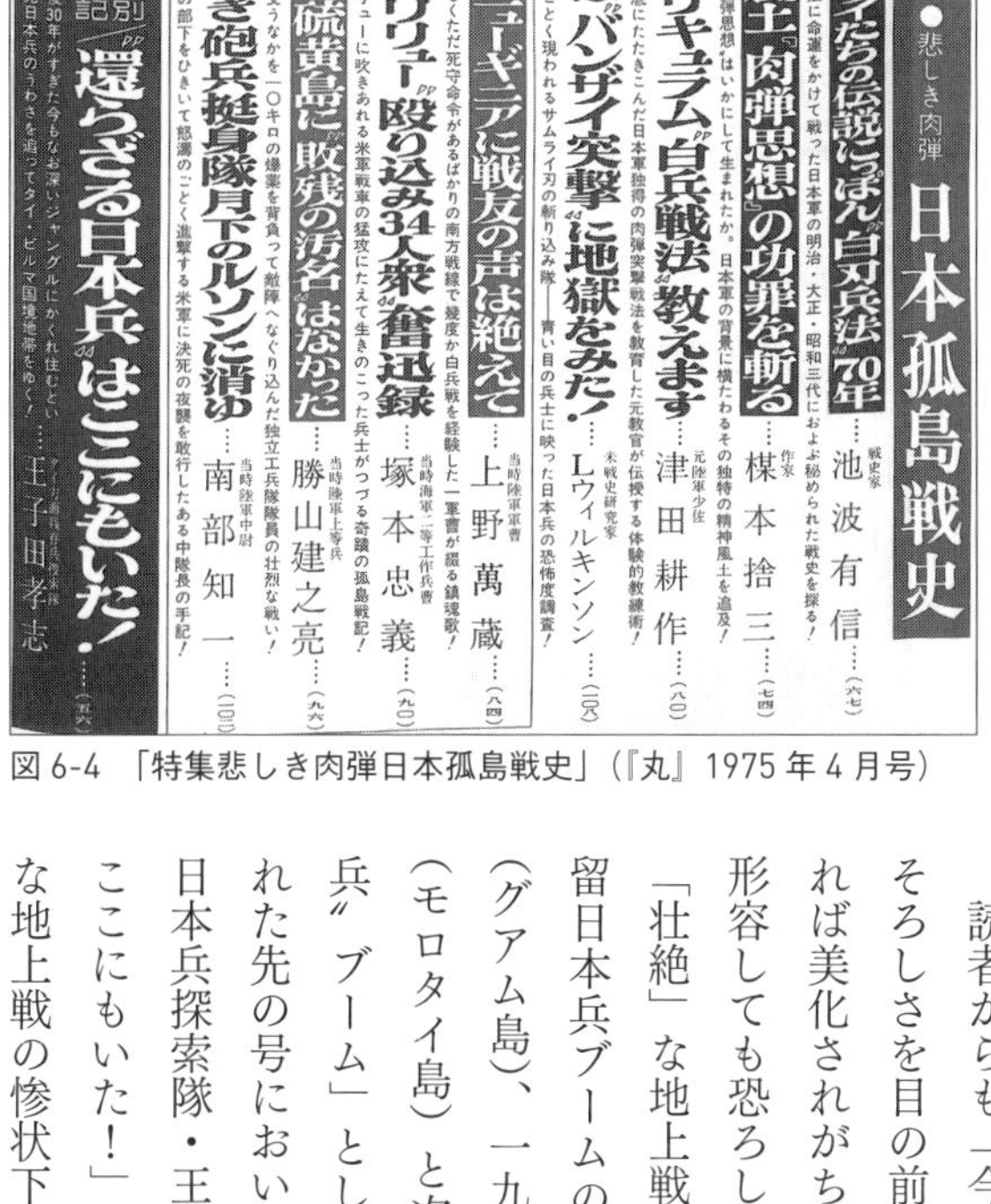

徹底特集 ●悲しき肉弾 日本孤島戦史

悲しきサムライたちの伝説にっぽん〝白刃兵法〟70年……戦史家 池波有信……(六七)
最後の斬り込み戦法に命運をかけて戦った日本軍の明治・大正・昭和三代におよぶ秘められた戦史を探る！

皇軍の風土『肉弾思想』の功罪を斬る……作家 楳本捨三……(七四)
無謀ともいえる〝肉弾思想〟はいかにして生まれたか。日本軍の背景に横たわるその独特の精神風土を追及！

必殺のカリキュラム〝白兵戦法〟教えます……元陸軍少佐 津田耕作……(八〇)
敵兵を恐怖のドン底にたたきこんだ日本軍独得の肉弾突撃戦法を教育した元教官が伝授する体験的教練術！

われわれは〝バンザイ突撃〟に地獄をみた！……米戦史研究家 Lウィルキンソン……(一〇八)
闇夜をついで風のごとく現われるサムライ刃の斬り込み隊——青い目の兵士に映った日本兵の恐怖度調査！

●血涙回想記集●

魔境ニューギニアに戦友の声は絶えて……当時陸軍軍曹 上野萬蔵……(八四)
弾も食糧もなくただ死守命令があるばかりの南方戦線で幾度か白兵戦を経験した一軍曹が綴る鎮魂歌！

悲風ペリリュー〝殴り込み34人衆〟奮迅録……当時海軍二等工作兵曹 塚本忠義……(九〇)
緑の島ペリリューに吹きあれる米軍戦車の猛攻にたえて生きのこった兵士がつづる奇蹟の孤島戦記！

その日、硫黄島に〝敗残の汚名〟はなかった……当時陸軍上等兵 勝山建之亮……(九六)
機銃弾飛び交うなかを一〇キロの爆薬を背負って敵陣へなぐり込んだ独立工兵隊隊員の壮烈な戦い！

重砲なき砲兵挺身隊月下のルソンに消ゆ……当時陸軍中尉 南部知一……(一〇二)
わずか52名の部下をひきいて怒濤のごとく進撃する米軍に決死の夜襲を敢行したある中隊長の手記！

特別手記／〝還らざる日本兵〟はここにもいた！……王子田孝志……(一五六)
戦後30年がすぎた今もなお深いジャングルにかくれ住むという元日本兵のうわさを追ってタイ・ビルマ国境地帯をゆく！

図 6-4 「特集悲しき肉弾日本孤島戦史」(『丸』1975 年 4 月号)

読者からも「今回の特集は、壮絶そのものだった。戦争のおそろしさを目の前にたたきつけられたような感がした。ともすれば美化されがちな海戦や空戦にくらべて、陸上戦闘はいかに形容しても恐ろしいものである」という感想が寄せられている。[9]「壮絶」な地上戦が取り上げられた背景の一つには、当時の残留日本兵ブームの影響がうかがえる。一九七三年の横井正一(グアム島)、一九七四年小野田寛郎(ルバング島)、中村輝夫(モロタイ島)と次々に残留日本兵が発見され、「〝最後の日本兵〟ブーム」として脚光を浴びた。[10]「日本孤島戦史」が特集された先の号においても、地上戦の戦記と並んで、タイ方面残留日本兵探索隊・王子田孝志「特別手記／〝還らざる日本兵〟はここにもいた！」が掲載されている。通底しているのは、過酷な地上戦の惨状下において「とり残された者の悲しみ」であった[11]。

高崎も「ゴロツキ兵士現代を斬る・孤高の帰還兵〝小野田元少尉〟星一つの悲劇」（一九七四年七月号）と題した記事において残留日本兵の話題を扱っている。同記事のなかで、「軍隊時代はグウタラで、『ゴロツキ万年上等兵』であった私の目で感じた小野田元少尉の姿から、かつての帝国陸軍の恐ろしさと、バカバカしさを紹介したい」というように、高崎は下級兵としての視点に基づいて残留日本兵を生み出した軍隊の問題性を説いた[12]。読者のなかにも自らの戦争体験と重ね合わせるように、下級兵の戦争体験記を読む人々の姿がこの当時目立っていた。

小生は現役兵として太平洋戦争に従軍した関係で、貴社のなまなましい戦記をよんで往時をしのび、感無量です。小生の任務は軍司令部付暗号班で、旧各軍管区の情報をキャッチしたものでした。また息子も特科自衛官として勤務中。休暇時には「丸」をもって帰ります。今後も知られざる無名戦士による真相記事を特集してください[13]。

下級兵として出征した戦中派世代は壮年となり、自らの来し方を振り返る時期に差し掛かっていた。こうしたなかで、自費出版で自らが体験した戦場や軍隊生活の記録を綴ろうとする元軍人たちが目立ちはじめた。『丸』の読者のなかにも以下のような投書が見て取れる。

私は中国大陸で戦った一兵士です。私なりに戦争体験と軍人生活を本にまとめてみようと思っているが、スポンサーとてなく自費出版するにも資金もない始末、せめて人様の書いたものを読むことにしました。中国大陸の特集などをぜひ読ませてください[14]。

自らの戦争体験をまとめたいという思いを抱えながらこの読者は、自費出版する資金にめぐまれないため、「せめて人様の書いたものを読むこと」で代替しているという。この当時の『丸』は、無名兵士だった人々が戦争体験を読み語る場としての役割も担うようになっていた。『丸』の誌面構成としても、従来までは華やかな空中戦や艦隊戦が中心だったが、一九七〇年代に入って中国大陸などでの地上戦に関心が当たるようになったのは、こうした庶民の戦争体験への注目と無関係ではないだろう。

加えて歴史学においても庶民の戦争体験として「自分史」の興隆が注目されていた。当時の『丸』の書評欄では、歴史学者の色川大吉『ある昭和史——自分史の試み』（中央公論社、一九七五年）が紹介されている。

ブック・Book・ぶっく 116

おすすめする今月の話題作ブック・ガイド

〝ある昭和史——自分史の試み〟

〝天皇と戦争〟と私的体験

色川大吉著

図 6-5　色川大吉『ある昭和史』紹介（『丸』1975 年 12 月号）

> 歴史自体が弁証法的にラセン形に進むと同じように歴史学も、戦前の教条的な皇国史観が敗戦で一転して実証的・図式的な科学的歴史観となり、その後、歴史の中での人間の復権が呼ばれて、今日にいたっているようである。
>
> 特に現代史——日本での昭和史——においては、図式的な概説だけではどうにも飽き足りない。〃それはそうだろうが……それだけだったろうか？　こうした面もあったはずだ、こういう思いもあった……〃と、それぞれの年令に応じての批判なり補足なりが常につきまとうことを免れないのだ。
>
> 著者が「あとがき」で述べているとおり、そこでは歴史家も読者も単なる観客ではなしに、その他大勢であったに

しろ演技者でもあったのだから、当然の傾向であろう。

本書はそうした傾向を極点にまで進めて、表立って社会構造をえがくことは避け、できるかぎり国民的経験を書こうとした（「あとがき」）いわば私歴史であると言えよう。[15]

現在からみれば、ともすれば軍事雑誌が歴史学者、それも左派的なスタンスをとる歴史家の書籍を取り上げることなど想像もつかないが、当時の『丸』では色川の立ち位置を抜きにして、意外にも肯定的に評されている。もっとも、「著者自身の私的体験と、その間に無法則的に挿入される断片資料とが、必ずしもシックリと融け合わず、むしろ時としてそれぞれ中途はんぱに遊離して読者を混乱させる場合もある」というように、同書を手放しに褒めているわけではない。[16]

だが、色川の立ち位置には踏み入らずに、著者の意図を汲み取ったうえで、「全体としては意欲的・実験的な歴史書」として歴史記述のあり方を評価している点は興味深い。[17] 色川の提起した「自分史」としての視点に、『丸』の担い手たちは下級兵たちの戦記を重ね合わせていた。実際、同時期に『丸』で連載されていた村上兵衛「桜と剣」が光人社から書籍化されるにあたっても、「公式的な分析から庶民を中心としたさまざまな〝自分史〟」というように言及している。[18]

このように『丸』の編集部が、下級兵たちの戦記を取り上げるなかで、庶民の戦争体験としての「自分史」の潮流を意識していたのは間違いない。

歴史家、作家、ルポライターの登場

『丸』において庶民の戦争体験としての「自分史」に注目が集まった一因としては、当時の空襲記録運動も無縁ではない。

空襲記録運動は、東京大空襲を自身も体験した作家の早乙女勝元が「東京空襲を記録する会」を組織し、『東京大空襲』（岩波書店、一九七一年）の刊行をきっかけに、全国的な盛り上がりを見せていった。高橋三郎が明らかにしているように、一九六〇年代からの市民運動としての活動が空襲記録運動の盛り上がりの背後にあり、戦時下における女性や子どもたちの体験や市民生活にも注目が集まっていた。[19] 当時の『丸』においても一九七一年六月号の特集で「あゝ東京大空襲・そのとき本土防衛軍は何をしていたか」が企画されている。編集部は「東京大空襲のことについては、他の出版物でも報道されていますが、今月の『丸』の『あゝ東京大空襲』は『丸』独自の企画をほりさげていてとてもおもしろかったという意見が多数ありました」と述べるなど、空襲記録運動の反響を意識していた様子が見て取れる。[20]

新たな語り手として『丸』の誌面には、「戦史研究家」を名乗る論者も登場する。当時の『丸』には、現在では軍事史研究の大家として知られる秦郁彦の名もみられる。

秦は一九七六年七月号に「陸軍航空の至宝／第六四戦隊興亡三〇〇〇日」を寄稿して以来、翌一九七七年一二月号「緑十字のつばさ虚空に消ゆ」まで、陸軍の航空部隊を中心に取り上げた一一本の記事を寄せている。『丸』への秦の寄稿は、折しも秦が大蔵省を退職した一九七六年五月から、プリストル大学の客員教授となる一九七八年一月までの在野の歴史家として活動していた時期に重なる。[21]『丸』においても「戦史研究家」という肩書きを名乗り、兵士達の手記を手掛かりに「日本空軍の最期」を「ドキュメント」として記した。[22]

一九八〇年代初頭には、「戦史家」の肩書で半藤一利も登場している。半藤は当時文藝春秋社の編集業務を本職としながら、その傍らで『日本のいちばん長い日』（文藝春秋、一九六五年、名義上は大宅壮一の名を借りる）をはじめとする戦争ノンフィクションを執筆していた。『丸』においても、「なぜスリガオ海峡の悲劇は生起したか」（一九八一年四月）、「旗艦大和〝最悪の戦場ミッドウェー沖〟に到達せず」（一九八二年二月）、「戦艦、突入せよ」（一九八二年六月号）「空母は人なり／名鑑みらくる物語」（一九八三年二月号）などの記事を寄せている。一九六〇年代におけるＳＦ作家たちと同じように、出版界においてまだほとんど「無名」の位置にあった若手の執筆家たちにとっては、戦争を題材にした記事を書くための「場」の一つであったと考えられる。

当初『丸』における戦記の担い手は、これまでは司令官やエースパイロットが中心だったが、ここにきて高崎伝をはじめとした下級兵士や、秦郁彦や半藤一利のような戦史研究家などの新たな語り手が登場していた。

空母は人なり／名鑑みらくる物語　132

奇蹟の空母「瑞鶴」&「ビッグE」の航跡でみる日米血戦始末

空母は人なり／名鑑みらくる物語

半藤一利

1　一冊の本

2　空母の力

図 6-6　半藤一利「空母は人なり／名鑑みらくる物語」（『丸』1983 年 2 月号）

> 今年は戦後三十年――あの苛酷な戦争もすでに風化したといわれるが、それは誰かが意識的に流している説ではないのか。やはり世界で最初の原爆の洗礼をうけた日本は、世代から世代へとあの戦争を語りついでゆくべきだと思う。たとえ一つの時代がおわったとしても、歴史家、作家、ルポライターたちによって、戦争をちがった角度からもう一度掘りおこし、後世に伝えるべき時代になっているのではないだろうか。(23)

戦後三〇年を経過するなかで『丸』の編集部も、戦争の語り手の変化を意識していた。「戦争をちがった角度からもう一度掘りおこ」すために、参謀クラスだけでなく、下級兵、さらには体験者のみならず、「歴史家、作家、ルポライター」といった新たな語り手の登場が促されていたのである。

歴史家や作家などの新たな語り手の登場を促した背後には、当時のノンフィクション・ブームの潮流も関わっている。一九八三年三月号では特集「極限の中の人間記録 奇蹟の戦記」が企画された。同号の「編集後記」において編集部の出口範樹は、以下のように述べている。

最近、書店には数多くの戦記本がならんでいる。いわゆる〝ノンフィクション・ブーム〟ということなのだろうが、戦後、四十年近く経て、あらためて戦争を見直そうという機運が高まっているのだろう。事実の重みというのは、たしかに強い。まして一種の極限状況を強いられる戦場体験は、何にもまして強烈な記録といえる。それは歴史の証言であると同時に、人間の生き方に対する恰好な研究書でもあるのだ。[24]

戦場での体験は、当事者だけにとって意味を持つものではなく、直接体験のない書き手にとってもノンフィクションとして「人間の生き方」を描くための格好の題材となっていた。

新たな語り手の登場は、体験者が語る戦争体験のあり方にも影響をもたらした。創刊四〇〇号を迎えた一九七九年一一月号に掲載された当時ビアク支援隊第二機関縦隊分隊・陸軍兵長篠崎清治「巨弾降る孤島ビアク玉砕戦始末」では、篠崎の語りをもとに星野義男（元憲兵隊）が編集する形で記された。[25] こうした形式を採った意図について星野は「戦争を語りつぐもの」として以下のように説いている。

ビアク島戦は、「玉砕」というあまりにも悲惨な戦闘で終結した。そのことじたいは当時、軍はその状況を国民に報道しなかった。兵や国民の士気の阻喪をおそれての配慮であった。

だが、戦後三十四年を経過した現在、かつての戦争体験の「語り部」たちはいずれも老境に入り、記憶はうすれ、また年々物故者の数も増大しているという。としたら、私たちは戦無時代の若者たちに、どうして「戦争体験」を語りついでいったらよいだろうか。そのような意図をもってまとめたのが、本稿（「巨弾降る孤島ビアク玉砕戦始末」──引用者）を起こした動機である。

ここに登場する「私」（篠崎清治──引用者）は「もぐら」のように地獄の島を這いくぐって、奇蹟の生還をした一人である。長い年月の流れで当然、語り口は断片的なものであった。したがって必然的に関係戦史、体験者の証言、私自身の豪北作戦体験をウラづけとして、とくに情況描写に力を注いで「実感」を再現させた。(26)

通常、体験者が綴った戦記を私たちは「ありのままの原体験」として考える。この戦記の特徴は、「断片的なもの」だった体験者の語りが、同時代に刊行されていた戦史に関する資料や他の証言によって再構成された点にある。高橋三郎がこの当時の、すなわち昭和五〇年代の「戦記もの」の特徴として「あらゆる資料を利用し、そしてなによりも戦友たちに丹念に聞きあわせて書いている場合が多い。つまり、戦友たちとの戦後の交流のうえにたって、場合によっては戦友会を契機あるいは情報源として書いているのである」と指摘するように、一九六〇年代末からの戦友会の興隆もこうした戦記のあり方に関係していよう。(27) 当時の「編集後記」(一九七七年六月号)においても活発化する戦友会の活動について、次のように言及されている。

最近、戦友会や同期生会の活発な活動をよく耳にする。戦争体験記集や戦死者への追悼文集などが刊行され、名簿の作成、あるいは慰霊碑の建立も聞く。今月号の特集でいろいろお世話になった予備学生の会「制潜会」でも、一昨年に碑を建てておられた。戦後三十余年、ファナティックな時代に青春を埋没させた人々が、老境を前に自省、回顧の時を迎えたからかも知れない。(28)

戦後三〇年以上が経過し体験者の記憶が断片化する一方で、多様な語り手が登場していた。こうして様々な戦争の語りが交錯するなかで、体験者自身の記憶も再構成されていった。

個人の「能力」としての読み替え

ただし、下級兵たちの戦記が『丸』の読者たちに全面的に受け入れられたわけではない。高崎らの寄稿に対しては、読者欄で先述した歓迎だけでなく、批判の声も寄せられた。

最近の戦記の内容に共通したものが見うけられる。それは上官をボロクソにコキおろすことである。が、記事投稿者がそれ以上にすぐれた部下であったとは思われぬ。茶飲み話ならばそれもよいが、こういった記事としては、読者に不快感をあたえる。あるていどブレーキも必要ではあるまいか。[29]

下級兵の視点から高崎は、階級の下の者に犠牲を強いるような、組織としての旧陸軍の問題を綴った。組織病理に注目した高崎に対して、この読者は「すぐれた部下であったとは思えぬ」と、下級兵個人の能力に問題があると解釈し「不快感」を露わにしている。言い換えれば、組織病理を綴ったはずの体験記が、読者のなかには個人の「能力」として読み替えられる向きもあった。

下級兵の体験記が描き出す「カッコ悪さ」を受け入れられない読者の様子もみられる。一九七八年一〇月号の綴込戦記として掲載された木戸則正（元砲兵一七連隊・陸軍軍曹）「幻の巨砲軍団密林に消ゆ――壮烈リンガエン攻防戦秘録」について、同号の編集後記では次のような記述がある。

数年前T氏の比島戦記を掲載したところ同方面戦友会から『事実無根の残虐性』ということで厳重な抗議をうけたが、本号の綴込戦記もまたお叱りを受けそうである。しかしながら木戸則正氏の〝原体験〟は動かし難き事実とのこと敢えて掲載する次第である。[30]

『丸』の編集部は、戦友会からの「抗議」や「お叱り」を想定したうえで、下級兵の「原体験」を掲載していた。

図 6-7　田河水泡「のらくろ放浪記」（『丸』1970 年 7 月号）

というのも下級兵が描く軍隊の組織病理や「カッコ悪い死にざま」は、時に戦友会の沽券にかかわるものでもあった。伊藤公雄によると、部隊ごとに結成された戦友会の特徴として、戦友会での交流を通して「戦争の加害者としての負い目から相対的に解放され」、「戦後の彼らのアイデンティティに対する攻撃を防衛する装置として機能してきた」という[31]。そのため、吉田裕が指摘するように、戦友会においてはその「構成員が戦場の悲惨な現実や、残虐行為、上官に対する批判などについて語り、書くことを統制し、管理する機能」が働いていた[32]。上記のような『丸』に掲載された戦記に対する戦友会からの抗議は、両者の間に存在した機能の差異を象徴するものであろう。すなわち『丸』という媒体は、しばしば語りを抑制する戦友会ではできないような、「カッコ悪い死にざま」や「組織へのウラミ」を綴ることができる場であったといえよう。

ただし『丸』と戦友会が必ずしも敵対関係にあったわけではない。『丸』の読者欄には誌面を通じて戦友会を知り参加することになった読者の姿が確認でき、また編集部も誌面作成のうえで戦友会に協力を得ていたことが編集後記には綴られている[33]。さらに『丸』の別冊として一九七七年一一月に刊行された『日本兵器総集』では巻末付録に「全国戦友会総覧」として、全国各地の「一千強」にも及ぶ戦友会の詳細な情報を網羅している[34]。この「全国戦友会総覧」は高橋三郎らによる「共同研究戦友会」での調査の手がかりとなる重要な資料の一つとしても扱われている[35]。その意味で『丸』という雑誌は、読者たちを戦友会へ橋渡ししつつ、一方で戦友会のあり方を相対化するような両義的な機能を果たしていた。

「カッコ悪い」戦記への拒絶反応は、『丸』で連載されていた「のらくろ」への反応にもみられた。

先の章でも紹介したように、戦時期に少年たちに絶大な支持を得た「のらくろ」は、戦後『丸』で連載が再開された。しかし、『丸』で描かれた戦後の「のらくろ」は、戦時期に軍隊内で昇進を重ねていった姿とは対照的なものであった。

戦後社会の「のらくろ」は、まさに戦中派として戦争体験を引きずりながら（「戦友」との腐れ縁も含めて）、なかなか定職に就けず、探偵や保険外交員など、さまざまな職を転々とし、うだつの上がらない暮らしを送っていた。こうした「のらくろ」の様子に、読者からは以下のような要望も寄せられている。

田河先生に、のらくろを自衛隊に入隊させてはいかが、と相談してみてください。いつも失業に近い状態で、当分、平和がつづく以上はルンペンにならざるを得ないのですから。(36)

戦後社会で「ルンペンにならざるをえない」のらくろに対して、この読者は再び自衛隊への入隊を求めた。そこには、「平和」な社会での「カッコ悪い」姿よりも、軍隊での「カッコよさ」に魅かれる心性が見受けられる。エースパイロットや参謀が活躍する「カッコよい」勇壮な戦記に親しんできた読者たちにとって、下級兵の視点で捉えられる「カッコ悪い」戦場の姿を受け入れられない読者も一定数存在していた。

自己啓発の素材

「自分史」としての下からの戦争体験記は、軍隊機構における権威主義の問題としてだけでなく、個人の武勇伝や苦労話として受容される向きも有していた。言い換えれば一九七〇年代後半からの『丸』においては、徐々に問題の焦点が組織病理から個人の資質へとスライドしていったのである。

一九七五年六月号の「特集・陸海軍遺稿集」において掲載されたある海軍二等兵曹の遺稿に対して、読者からは

図 6-8 「戦話・大空のサムライ」(『丸』1978 年 9 月号)

次のような感想が寄せられている。

『忘れられぬ鬼の海兵団』を遺稿した内田忠雄さんこそ、真の軍人です。終戦後三〇年の今日、兵学校を六ヵ月味わっただけで訓練がきびしい、軍規が、人権が云々と、旧軍の欠点のみをならべる人々が多いなかで、若くして散った二等兵曹は、士官にもまさる魂の持ち主といいたい。[37]

この読者は「旧軍の欠点のみをならべる人々が多い」と組織に焦点を当てる、高崎のような戦記を批判する。それに対して、遺稿からは「真の軍人」としての個人の姿勢を読みとっている。とりわけ「士官にもまさる魂の持ち主」というように精神性に着目している。

個人の精神性への着目という点でいえば、一九七〇年代後半における零戦パイロット・坂井三郎の語りのあり方は特筆すべきであろう。これまでの章でも紹介してきたように一九五〇年代の戦記ブーム以降、『大空のサムライ』をはじめとした坂井が語る「戦果」は、『丸』の読者から大きな支持を得てきた。だが、一九七〇年代後半の『丸』での坂井の語りには、従来からの換骨奪胎や再解釈が少なからずみられる。

一九七八年二月号より『丸』で開始された「戦話・大空のサムライ」は、坂井が潮書房の社長・高城肇との対話形式で行う連載記事であった。

一九八〇年一一月号まで掲載された同連載では「人間ゼミナール」や「自己鍛錬法」、「生死のはざまを戦いぬいた世界のエース坂井が現代のシラケ世代に与うる熱いメッセージ」などのフレーズが盛んに強調された。[38] 坂井の連載に、読者は次のように反応した。

『戦話・大空のサムライ』には、いろいろなことを教えられる。たとえば、現代人に欠けているもの、あるいは自己をきたえるということの意味。つまり、人間が生まれながらに持っている良い特性も、それを使い、きたえなければなんにもならない、ということなど。もっとページを増やしてほしいぐらいだ。[39]

海軍航空隊のエースパイロットとしての坂井の語りに、読者もまた坂井の戦争体験の語りに「生きざま」や「自己鍛錬」の訓示を読み込んだ。

もちろん坂井の語りのなかにも、高崎ら下級兵らの問題意識と共通する部分がないわけではない。例えば連載第一七回「士官と下士官兵」では、海軍航空隊という「階級絶対社会」における「格差」がテーマとされた。[40]ただし、坂井は「リーダーはいかにしてあるべきか」というように、その関心はやはり個人の資質の問題へと収斂していった。[41]

もっとも「自己鍛錬」として個人の資質に焦点を当てた戦争語りは、それ以前の『丸』における坂井の連載でも行われてきたものである。それまでも坂井は『丸』において計五作もの連載を担当してきた。具体的には「大空のサムライ」（一九五九年四月号—一九六一年一二月）、「大空の回想・歳月・血戦」（一九六三年五月号—一九六四年一〇月号）、「坂井三郎空戦記録」（一九六五年九月号—一九六六年一二月号）、「続大空のサムライ」（一九六七年一一月号—一九七〇年九月号）、「大空のサムライ始末」（一九七三年二月号—一九七四年八月号）といったものである。これらの連載を並べてみると、エースパイロットとしての武勇伝や自己鍛錬だけでなく、当初は戦中派としての心情も吐露していた。一九六五年からの「坂井三郎空戦記録」を連載するにあたっては、「海軍戦闘機隊のパイロットとしての生活は、いろいろの意味で、私を鍛え導いてくれた」という自己鍛錬の要素だけでなく、「世の中が平和であればあるほど、太平洋戦争で、私たちといっしょに戦って、日本の栄光を信じていった戦友たちのことが偲ばれてならない」としたうえで、坂井はさらに次のように述べていた。[42]

と同時に、私が、空中戦闘と対地戦闘において射ちたおした数百人の連合軍戦士のことを、今しずかに想うとき、たとえそれが、戦場という場においてのみ許された行為であり、いや、たおさなければ自分がやられるという絶対の勝負の世界における結果であるとはいえ、もし、あのいまわしい太平洋戦争が起こっていなかったら、その人々もまた、現在の私たちのように、一社会人として、元気に、平和な家庭生活を営んでいるであろう——と思うと、いかに戦争というものが愚かなものだったかと考えさせられるとともに、私がこうして生き残っていることが、何か申しわけなく思えてならない。[43]

もちろん自己弁護としての面もあろうが、戦中派としての極限状況のなかで相手国の兵士を殺めてしまった加害の記憶と、「たおさなければ自分がやられる」状況を生んだ戦争の「愚かさ」、そして自分だけが生き残ったことへの「申し訳なさ」が綴られていた。一九六〇年代の連載時には、自己鍛錬を重ねた末に極限状況を「生きのびた勝負術」と、戦中派としての「生き残ったことの申し訳なさ」とは渾然一体となっていたのである。

だが、戦中派としての「生き残った申し訳なさ」は時代を経るごとに薄まっていき、一九七三年からの「大空のサムライ始末」では、「〝先手必勝〟こそ空中戦に生き残れるコツ」が冒頭の見出しとなるなど、自己鍛錬によって身につけた勝負術や心構えなど、むしろ「生き残る」方法に力点が置かれるようになる。[44]

さらに一九七〇年代後半に連載された「戦話・大空のサムライ」の段階になると、坂井の「自己鍛錬法」は組織でのリーダー像、とりわけ企業におけるリーダー像として読み替えられていくようになる。

『大空のサムライ』をたのしく拝読しています。無限の大空で作戦のたびに生と死をかけて戦い、生きる望みをつよく持ち、今日まで生きながらえたこと――この文章に描かれたことには、現代社会にもつうじる貴重な教訓が数多くふくまれています。企業や組織のなかでも男として、人間としてつとめるべく本分や、人生の勝負にかける姿勢、さらにそれに打ち勝つための心がまえなどについての文章は、強く心に打ちます。(45)

こうして「自己鍛錬法」としての坂井の「戦話」は、現代の「企業や組織」で「打ち勝つための心がまえ」へと流用されていく。戦時中の軍人や軍隊の姿に現代の企業におけるリーダー像や組織マネジメントのヒントを見出そうとする態度は、一九八〇年代前後におけるビジネス誌や経営指南書での戦争ものにも通じる。ビジネスマンをターゲットにした雑誌『プレジデント』では、吉田裕が指摘するように、「七〇年代の後半頃から、古今東西の戦史の中から現代の企業経営にとって有益な教訓を引き出すという問題意識からの特集が数多く登場するようになる」(46)。特に一九八四年に刊行された戸部良一・寺本義也ら近現代史家や経営学者の共同執筆による『失敗の本質――日本軍の組織論的研究』(ダイヤモンド社)は、旧日本軍の「失敗」に組織運営の「教訓」を引き出そうとする経営書的な読み方を決定づけることになる。

こうした出版界での経営書として読まれる戦記の潮流は、『丸』の特集においてもみられる。一九七九年三月号では、特集「勝つための人の組織/人物・日本の空軍」が企画された。軍事研究家・落合康夫「海軍航空隊人事部〝たて&よこ〟職制白書」や元陸士教官・陸軍大尉・生田惇「陸軍飛行戦隊『不敗の人間ぴらみっど』構築記」、元陸軍大尉「少飛第一期生の星/わが出世ものがたり」などが掲載され、「陸海軍航空隊不敗の戦力を構成した知られざる人的メカニズムの全て」として、現代企業にも通じるような出世のための自己啓発や組織のあり方などが強調された。

戦記において自己開発や組織経営に役立つ「教訓」が注目された一九八〇年代前後は、折しも「ジャパンアズナンバーワン」が叫ばれ、技術大国としての威信を高めていた時代でもあった。戦闘機や戦艦の扱われ方もこうした流れに合流していった。一九七九年九月号の読者欄には次のような読者からの声が掲載されている。

　飛行機実験部の担当者（テスパイ）が告白している『名戦闘機開発夜話』を、毎回楽しく読んでいます。坂井三郎氏の『戦話・大空のサムライ』と合わせて読むと、現在わが国を守る自衛隊も、当時の日本の科学技術と操縦技術に対するなみなみならぬ努力がうかがわれます。このような努力をしているのだろうか、ととても気になるところです。(47)

図6-9「海軍人造り教育」（『丸』1980年4月号）

戦時期における戦闘機開発は、坂井の語る自己鍛錬の武勇伝と合わさって、「日本の科学技術と操縦技術に対する努力」の物語として読み込まれた。

当時、国際貿易が活発化するなかで、「メイドインジャパン」の製品の好調は、その技術的な高さに由来する物語として盛んに語られた。こうした技術開発に日本の自己肯定感を見出そうとする心性は「テクノナショナリズム」あるいは「テクノオリエンタリズム」として指摘される(48)。

第三章でも紹介したように、零戦や大和などの旧日本軍の兵器に「日本の科学技術力」を読み込む物語はかねてから存在していた。こうした神話は、テクノナショナリズムや自己啓発の格好の題材として消費されていったのである。

その後も『丸』の誌面においては、「自己啓発」の素材として強調された。光人社からの広告として掲載された実松譲『海軍人造り教育』の紹介文では、より直截的なフレーズが並んでいる。

人間はどう生き、どうあらねばならないか――「人格陶冶」「体力錬成」「自啓自発の学術修得」を教育理念に有為の人材を輩出し、現代日本の中核を成す一級人物を育んだ江田島・海軍兵学校での全人格触れ合い教育の方法を解明し、未来の日本を背負う若き人々に大いなる指針となる待望の書[49]

海軍兵学校での軍隊教育のあり方が、「人格陶冶」「体力錬成」「自啓自発の学術修得」として捉え直される。一九七〇年代より個別具体的な戦争体験に普遍的な「人生の訓話」を読み込もうとする傾向は顕著となり、一九八〇年代に入るとこうした傾向はさらに加速していった。そのなかには「野球に生きる一人の男の物語」を綴った木村勝美『覇道をゆく――川上哲治の戦中戦後』（光人社、一九八七年）のように、どちらかといえば戦争体験よりも人生の「生き様」が強調されるような刊行物も『丸』では紹介されるようになる。[50] こうして『丸』や光人社で扱われる戦争体験記には、「自己啓発」の素材としての意味が込められていった。

ここには井上義和が指摘する「歴史認識の脱文脈化」の契機も見て取れる。[51] 井上は、戦時期に陸軍特攻基地が置かれていた鹿児島県の知覧に、二〇〇〇年代以降「自己啓発」の場として訪れる人々の心性を読み解いている。井上によると、特攻隊員の死に感化され、自らの生き方を見つめ直す「活入れ」は、特攻隊員の物語を戦争や作戦の評価とは完全に切り離した「歴史認識の脱文脈化」のもとに成立しているという。『丸』における戦記の「自己啓発」的受容は、戦争体験を戦時期の文脈から切り離して、語られる時代の文脈のもとで読み替え再解釈される、そうした「歴史認識の脱文脈化」の先駆けでもあった。

「自分史」の逆説

戦記の「自己啓発」的受容という視点で見た場合に、先述した「最後の日本兵ブーム」についての受け取り方も高城肇・坂井三郎と高野ら編集部との間には温度差がみられる。

高城肇と坂井三郎は対談企画「大空のサムライ始末」（一九七四年五月号）のなかで、小野田寛郎の帰還を以下のように語っている。

高城　小野田さんが帰って来られて、あちこちで話題を呼んでいますが、なかには、ずいぶんマトはずれなことをいっている人もいますねえ。小野田さんを三十年間ささえてきたものは、かれの中に生きていた〝軍人精神〟であったわけなんですが、戦後の日本にもそれはずうっと生きていたんだから、小野田さんとの間には三十年間の距離があったんではなく非常に直接的で、現在の日本には、そういうものを受け入れる軍国主義があるから、その点を警戒しなければいけないという。

　そういう論を聞いていると、なるほどこの国には、小児病的なウルサ型が多いんだな、と思わずにはいられませんでしたね。もちろん、考えなければならない、未解決のものはたくさんありますよ。でもね、ここは素直に、小野田さんの帰還をよろこんであげたらいい。

坂井　偏見や先入観が、事実に先行しちゃっているんですよ。そういう連中は、けっしてみずからを死線にさらさない。

　いつでも御身大切で安全なうしろのほうにいて、仲間や部下に、それやれ、それやれとけしかけるんです。そういうやつにかぎって、公式論をふりまわしたり、マトはずれな言辞を弄して、みずからを省みないものです。小野田さんの顔には、運命というものを、泣き泣き、いやいやではなく、ごく自然に、まっすぐに受けとめてきた人間の風霜が、みごとににじみでている。あの顔は、どんな名優にも、一朝一夕にできるものではありませんよ。

高城　いいかわるいかは別にして、とにかくかれは直線的な生きかたを終始一貫つらぬいてきたんですが、帰国後の人間の中には、かなり無慈悲なものもあった。

坂井　真剣勝負をやった経験のないひとっていうのは、意外とおかしな質問をするものなんですよ。[52]

高城と坂井は、小野田に三〇年間のルバング島残留を強いたとする「軍国主義」批判の議論については、「公式論」として退ける。そのうえであくまで小野田個人の「顔つき」や「人間性」、「生きかた」に注目していた。同号の「編集後記」でも小野田の帰還が言及されている。通常、編集後記では同じ話題を避ける傾向にあるが、小野田の帰還については、話題の被りを気にすることなく、珍しく編集部の全員が取り上げている。そこでは、高城や坂井とは対照的な視点において、残留日本兵の問題が語られる。

菊池　小野田さん帰国の日、羽田空港へ取材にいった。小野田さんはホテルの記者会見で「元上官谷口さんに停戦命令を下達された時、私の戦いはおわった」と語った。戦争を知らない私は、たった一枚の紙きれが小野田さんに手渡されなかっただけで、三十年間もジャングルで戦闘状態にさせるという事実に、戦争がなんと残酷で、何と悲しいころだろうと思うと同時に、〝軍国主義の化石〟をみたようでショックだった。

茶山　いくら上官の命令とはいえ、三十年間もルバング島にいた小野田サン。しかし、同情よりもさきに天皇にいきどおりを感じた。なにしろ小野田サンをそうさせたのは直属の上官だが、当時、上官の命令は〝天皇陛下の命令〟だったそうだ。したがって救出のときも天皇が捜索隊の先頭に立ってことにあたるのが、人間としてのつとめではなかろうか。それとも人間宣言というのはウソで、戦争だけが本当だったのだろうか。

出口　小野田さんが還ってきた。横井さんのときと同様、私たちのうかがい知れない〝天皇制国家〟の一端に触れた思いで、やはり衝撃は大きい。それにしても、半生をジャングルの中で暮らすということはどういうことなのか。「何も楽しかったことはなかった」といっているが、当然であろう。煌々と星の輝く夜、その胸に何が去来したか、とせんさくするのは、小野田さんの言うように、やはり弱々しいことなのだろうか。

高野　サスガNHK、小野田元少尉帰国の夜、某〝文芸評論家〟の口を借りて〝教訓〟をタレ給うた。近頃「私」に執着する趣あり、緊褌一番「公」を再認識すべきではナカロウカ――〝石油危機〟に際し〝規範を下達〟した某省、発想手口は同工異曲。事に当たって何やら「下々」に「権威ある説教」は鼻モチならぬ。「一億総懺悔」「終戦」の語を捻出した側にそっくり返上したい。地底に叫ぶ英霊たちの声にこそ、真実の在処を示す物在りと信ずるが故に[53]

編集部の側では、小野田の帰還について「軍国主義」や「天皇制国家」の視点から国家や天皇の責任を問うている。当時の編集長もまた高野は、「下々」に責任を負わせる「公」の論理を批判している。

このように『丸』のなかでは、小野田帰還をめぐる微妙な温度差が見て取れよう。「公」の責任を追及する編集部に対して、高城・坂井はあくまで「個」としての「生きかた」を強調したのである。

一九七〇年代にかけて戦記が個別化し、一般兵・庶民による戦争体験記の隆盛を迎えた。そこでは、一方で「地底に叫ぶ英霊たちの声にこそ、真実の在処を示す物在りと信ずる」というように、死者の情念に寄り添い「下々」の視点から国家や天皇の戦争責任を追及する態度を促していった。同時に、他方では、一個人からみた戦争体験としての「自分史」の意図せざる結果として、「戦争」の語りが自己啓発の素材として流用される契機が生み出されていったのであった。

戦記が「自己啓発」の素材として流用されていく一方で、兵器の解説もより高度かつ詳細になっていく。冷戦下での米ソの軍事力や自衛隊の装備などの現代軍事を扱うことによって、メカニズム志向もより強化されていった。

図 6-10　『丸スペシャル』創刊号

図 6-11　『丸メカニック』創刊号

　これらの結果として、戦艦や軍用機など対象ごとに雑誌そのものがセグメント化していく。一九七五年に艦船専門『丸スペシャル』、一九七六年に軍用機専門『丸メカニック』など、メカニズムに特化したスピンオフ誌が創刊されたのである。本誌『丸』において現代軍事への解説に誌面を割くことで、旧日本軍の戦闘機や艦船はこれらの派生誌において取り上げられることになる。

　一九七六年に創刊された『丸メカニック』では、「世界軍用機解剖シリーズ」として第一号では紫電改を主題とし、新雑誌が次のように紹介された。

> ミグ25の強行着陸で話題を呼ぶ軍用機のメカニズムに徹底的にメスを入れる世界最新形式の新雑誌、創刊！一機種一冊――オールカラー精密図面による世界の軍用機徹底解剖シリーズ。
>
> 　本誌『丸』に連載、大好評の撃墜王物語・豊田穣作『蒼空の器』で話題ふっとう中の第二次世界大戦の名戦闘機『紫電改』のメカニックのすべてを徹底解剖、けんらんた

る誌面に構成してファンに贈る潮書房の軍用機徹底解剖シリーズの第一弾！
日本人自身の手になる本機は、最後の撃墜王搭乗員をキラ星のごとく集めて日本本土防空戦闘に登場し、宿敵グラマンに一矢を報いた。〝日本戦闘機隊健在〟なりと喧伝された往年の名機のメカニズムは、現代人の心情に無心に語りかけるであろう。創刊号から、あなたの書架にそろえてください[54]！

現代の軍事問題の比重が大きくなる本誌との対比で、「往年の名機のメカニズム」をノスタルジックに振り返るのがこれらスピンオフ誌の特徴であった。『丸スペシャル』や『丸メカニック』では、各号で一つの機体が取り上げられ、読み捨てられるフローな雑誌というよりは、繰り返し読まれストックされることを前提にした、ムック本のような体裁を採っていた。さらに潮書房は「ラジオコントロール模型雑誌」として『ＳＥＡ＆ＳＫＹ』一九七三年に創刊し、『極秘日本海軍艦艇図面全集』なども刊行していく[55]。
『丸』の誌面や潮書房の雑誌刊行において、戦記とメカニズムが徐々に分離し始める。正確には同じ誌面に載っていながら、それぞれ別の読者層を意識した同床異夢の様相を呈していた。読者のなかでも『丸』の読み方においてメカニズム志向が顕著となっていった。

じつは私は、「丸」を毎月読んでいますが、戦記はほとんどといってもいいほど読まず、ただ新兵器のデザインとか、性能ばかりを見ていました。戦争の恐ろしさは、むろん、わからない世代ですが、知ろうともしなかったのです。これは大きな誤まりだということに気づいたのです。この欄の意見を読むと、戦争を知らない世代のマニアが、性能などについてとやかく言っていますが、それはそれでいいのでしょう。しかし、戦争の恐ろしさも、あわせて知る必要があることを痛感しました[56]。

この読者は、「兵器のデザインとか、性能ばかり」にしか目がいかなかったという。ここでは戦記をほとんど読まなかったことを自省している。とはいえ、こうした反省は、「デザインや性能」にしか興味を持たない読者も潜在的に多くいたことの裏返しでもあった。実際、次のような『丸』の読み方が語られている。

小生は貴誌を購入すると、記事はさっと目を通すていどで、すぐに綴込みの針金をぬいてバラバラにしてしまいます。第一にグラビア頁の艦艇写真のみを集め、現在は〝上農達生軍艦写真集〟を製作中です。昭和四五～四六年当時の写真集は、〝栄光の連合艦隊〟として手作りで、世界に唯一冊の本としてひとりで楽しんで見ています。第二のコレクションは、軍艦大型写真です。これは第一回の「大和」いらい、全部たいせつに保存して貴重な資料としています。第三のコレクションはカラーイラストで、これは四四年の「大和」いらい、軍艦関係のもののみ全部保存してあります。適当なところで区切りをつけ、製本したいと思っています。以前はすばらしい公式図面が折込み付録として掲載され大喜びさせてくれたのですが、最近はなくて残念です。以上が私の貴誌愛読方法です。(57)

軍艦に熱を入れるこの読者の「愛読方法」は、自分の関心に基づいて雑誌そのものが再編集されるものであった。その他の関心のない記事は読まないどころか、カットされる。そこでは、「軍艦関係」以外の記事が完全に視野の外に置かれている。こうした「愛読方法」が語られる読者欄からは、読者の受容における戦記とメカの分離が自明となっていく状況が浮かび上がる。

もっとも『丸』も読者のメカニズム志向に沿った企画を打ち出している。一九七八年一一月号では、当時話題となっていた映画「宇宙戦艦ヤマト」の原作者・松本零士を登場させ、「宇宙戦艦ヤマトのルーツ」として松本の「戦艦大和」体験を語らせている。(58)

一九八五年六月号においても特集「スター☆ウォーズ——超高空の戦い」として、軍事評論家・江村儀郎「レーガンの『スターウォーズ』徹底研究」や科学技術ジャーナリスト・長瀬唯「夢の『機動戦士ガンダム』を科学する」など、映画「スターウォーズ」やアニメ「機動戦士ガンダム」などの戦争SF作品を通して現代戦を考察する記事を掲載している。こうしたなかで、『丸』においては戦記とメカの同床異夢が加速していった。[59]

モノへの懐古

一九八〇年代にかけて『丸』においては、メカニズム志向として戦闘機や艦船などの個々の兵器への関心が先鋭化していった。こうしたモノ自体への関心という文脈では、『丸』の誌面上には戦争体験を懐かしむアイテムも目立ち始めるようになる。具体的には、旧日本軍に関連するラッパ・軍刀・勲章・軍服姿の写真などの広告が多く掲載された。

一九七九年に掲載されていた「軍隊喇叭」の広告はその象徴である。「嗚呼喇叭が鳴る熱き血潮が甦る」と見出しが記され、説明は旧字を使用し、戦時期までを思い起こさせるためにか、あえて右横書きで記されている。

> 近代日本は、洋式軍隊を採用して以来、采配は喇叭に変り、行動が機敏かつ迅速になれり。民衆や隣組の連絡に於いても喇叭の信号が普及し、赤紙召集、学徒出陣、勤労奉仕、辛く苦しい時代でした。新兵は起床喇叭で飛び起きる。古年兵の号令で体操が始っている。遅れるとビンタが待っている。あるひは兎跳びが……。突然喇叭が鳴る。銃剣を装着し、堡塁を抜く。満州で、華北で、中支で、南支で、緬甸(ビルマ)で、昭南島(シンガポール)で、比島(フィリピン)で多くの友が散る。多数の同胞が魂を地に埋めた。消灯喇叭が鳴る。五尺の寝臺に体を横たへ、静かに涙を流す。シンペイハカワイソウダネェ、ネテマタナクンダネェと喇叭も鳴いている。あれから三十三年燃やし尽した青春といふ訳ではないのだが、矢張、あの頃が我々の青春なのだろうか……もう二度と再びあの愚を子孫等に

繰り返させたくはない。その記念にあの喇叭を手にしてみてはどうであろうか。青春の名にふさはしい記念品だ。果敢無く倒れて逝った友の為にも鎮魂歌を吹いてやりたい。

　そんなあなたの為に、二光がお届けします。

　明治三十八年より作り続けられてきた正真正銘の軍隊喇叭。朱房に飾られ真鍮の輝きは若き日の残照。いま万感胸に迫りて往時を偲ぶ。かつての勇士（ますらお）よ、戦地に散りし友よ、あたら若き血潮をたぎらせた同胞（はらから）に喚け。

　あの青春が甦る。[60]

図6-12 「軍隊喇叭」（『丸』1979年5月号）

図6-13 「軍装写真額専門製作」（『丸』1985年5月号）

商品の紹介が、軍隊経験や戦争体験と重ねられてノスタルジックに綴られている。軍隊経験者にとっての「青春」を呼び起こすアイテムとして軍隊ラッパが位置づけられており、広告文の表記方法も含め、『丸』を懐古趣味として読む体験者向けの広告であることが分かる。

　とはいえ、復古調の惹句に染まったフェティッシュな対象としてだけでは片付けられない面もあった。「辛く苦しい時代」という認識や戦死者への「鎮魂」などとも混ざりあった、体験者にとっては複雑な「懐古」の感情がそこには投影されている。

　その後、一九八〇年代に入ってからも、偕幸ギャラリーによる「軍装写真額専門製作」などの広告が掲載された。「肖像写真を思い出の服装で――栄光は永遠に」というコピーのもとに、「陸・海軍正装から、飛行服まであなたのお望みの雄姿を再現します」として、以下のように紹介されている。

> 戦後すでに四十年。当時軍籍にあり、貴重な体験と栄誉のあった貴方の昔日のお姿を再現し、後世に残して見(ママ)ませんか。当社では、特殊技法による軍装写真額を製作しています。貴方の若き日の顔写真をお送り頂ければご希望の服装での写真額を作成します。また、先の大戦で亡くなられた方のお姿も再現により、家門の誉れとしてご保存頂くことができます。(61)

この広告では、「特殊技法」によって軍服姿を再現することが謳われている。言うまでもないが、こうした先端技術によって再現される像は、実際の当時の姿とは異なる、あくまで「本物らしい」写真である。しかも「特殊技法」であるがゆえに、「陸・海軍正装から、飛行服まで」自由自在に服装が選択でき、当時着用していなかった軍服姿の写真まで「再現」することが可能となっている。

一九八〇年代に顕著となっていく旧軍関連の広告には、モノへの懐古を通じて、戦争の記憶が再構成される状況が示されている。こうした戦時の記憶を留めるための営みのなかには、ときに史実と再現の境目が曖昧なものとなっていく瞬間も存在していた。同時にモノへの消費を通じて懐古しようとする姿は、一九七〇年代に見られた戦争体験を「自分史」として綴る関心の延長として位置づけることもできよう。

「いつまでもあきることなくミッドウェー海戦」

その後、一九九〇年代に入るころには、周囲からみると「懐古趣味」の雑誌という評価がなされるようになる。自衛隊広報誌『セキュリタリアン』での連載記事をまとめた『自衛隊遊モア辞典』（講談社、一九九六年）において、現役の自衛官は『丸』を以下のように評している。

> 軍事マニア向け月刊誌。いまだにあきることなくミッドウェー海戦、ガダルカナルの激闘なんて特集を延々と。ハイテク兵器の包囲下にある自衛隊関係者にゃ、内容があまりに懐古趣味に走りすぎて、軍事オタク以外はあまり読んでいないようだが、防大図書館にはなぜかバックナンバーが。[62]

「ハイテク兵器」を取り扱う現役の自衛官からみると、『丸』の内容は「いまだにあきることなくミッドウェー海戦、ガダルカナルの激闘」をやっている「懐古趣味」に映ったのであった。もちろん「遊モア辞典」の名の通り、そこには「毒舌」と「ユーモア」も含んでおり、「防大図書館にはなぜかバックナンバー」というように『丸』への親しみの裏返しであろう。だが、同時に「あまりに懐古趣味」という評価もまた「現職自衛官のホンネ」といえよう。[63]

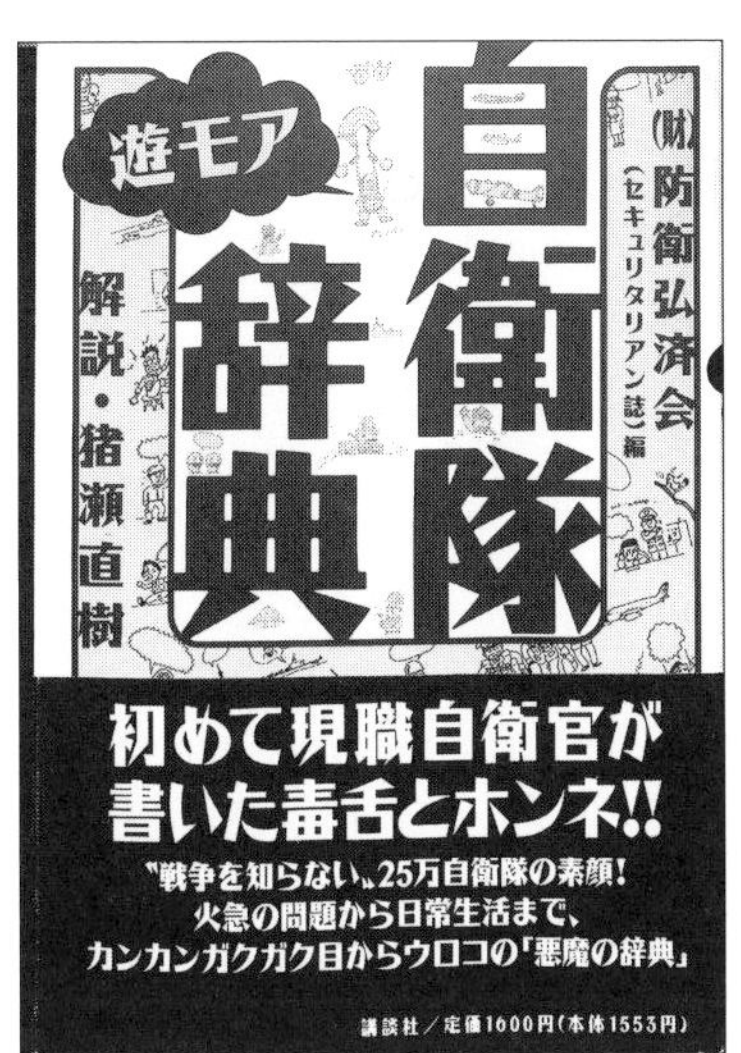

図6-14 『自衛隊遊モア辞典』(1996年)

『丸』の読者欄では、こうした自衛隊広報誌での扱いに対しては読者から大きな反発も見られた。四八歳の読者からの「ハイテクに関する記事ならば、別に「丸」以外の雑誌で読むことができるのですから、「丸」しかできないガダルカナル、ミッドウェーは唯一貴重な記事なのです」という『丸』の雑誌としての役割を強調する声や、一九歳の読者による「歴史を軽視するものは必ず歴史の制裁によって滅びるのである。もし、防衛庁の広報誌の考え方が庁内全ての意見を反映しているものであるならば、きわめて憂うべきことであ

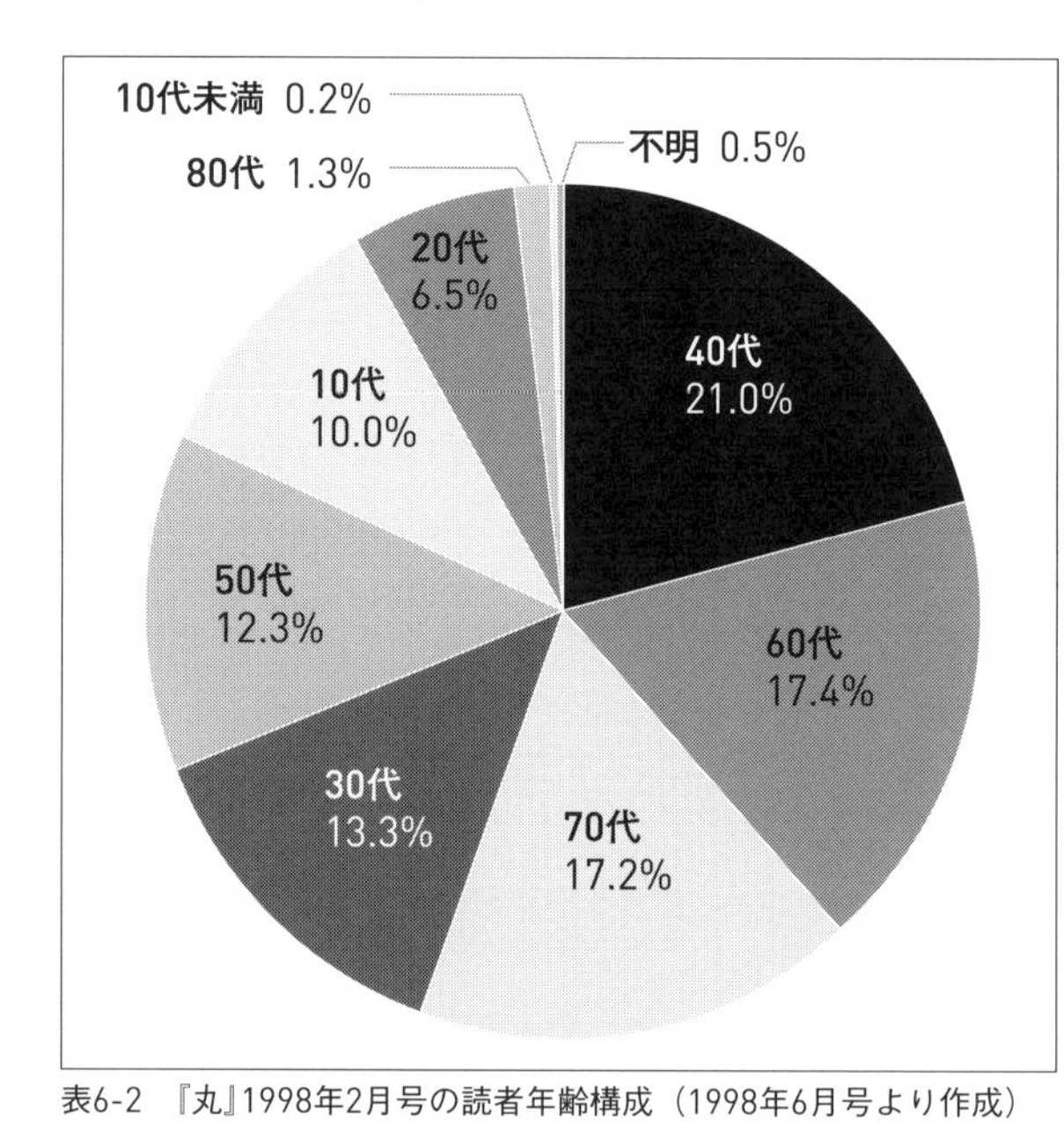

表6-2　『丸』1998年2月号の読者年齢構成（1998年6月号より作成）

る」と現役自衛官の見識に「憤怒」する声などが掲載されている。[64]

とはいえ、編集部の側が「しかし、現実としては、戦記（特に体験記）中心に紙面を構成することが困難になってゆくことは事実でしょう」と述べるように、現状の戦記雑誌としてのあり方に諦観を示している点は重要であろう。[65]

こうした編集部の諦観には、読者層の変化も無関係ではないだろう。読者欄の年齢表記は、一九七〇年代に入って記載がなくなったが、一九八九年から再び記載されるようになった。第三章でも示したように、「丸少年」が台頭する一九六一年時点では、読者の平均年齢は一八・七歳、一〇代の読者比率が七六%だった。それに対して、「懐古趣味」と評された一九九六年の時点では平均年齢が四一・二歳、一〇代の読者が占める割合も一九%にまでになっていた（**表6―3**）。こうした読者層の年齢推移を踏まえると、一九九〇年代に入るなかで『丸』の読者たちは少なからず高齢化していた。編集部が公表した、一九九八年二月号の愛読者カードにもとづく読者層の年齢構成においても、「丸少年」世代の四〇代（二一%）が最も多く、六〇代（一七・四%）、七〇代（一七・二%）が次ぐ形となっている。それに対して、一〇代（一〇%）は少数派となっている。[66] 編集部は「広い読者層」と強調するが、一九六〇年代に比べると年齢の高い読者の存在が目立っている。そして敗戦から五〇年以上が経過するなかでは、読者の高齢化とともに、戦記の書き手となる戦争

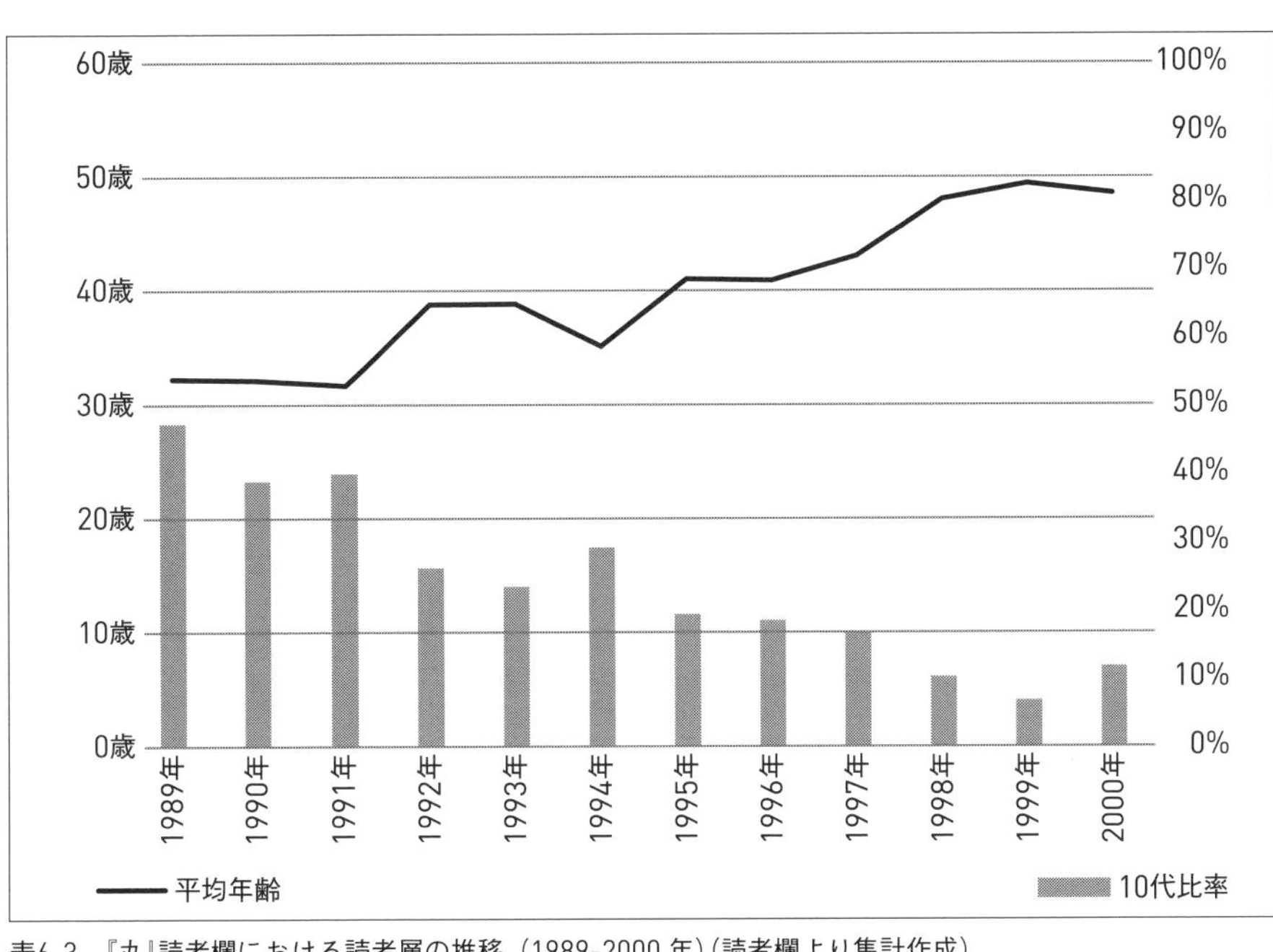

表6-3　『丸』読者欄における読者層の推移（1989-2000年）（読者欄より集計作成）

を体験した世代も減少していた。

体験者の減少により戦記の位置づけが変わっていく様子は、光人社ノンフィクション文庫の創刊にもみられる。一九九二年に創刊された同シリーズの役割について、「発刊の辞」では以下のように綴られている。

第二次世界大戦の戦火が熄んで五〇年――その間、小社は夥しい数の戦争の記録を渉猟し、発掘し、常に公正なる立場を貫いて書誌とし、大方の絶讃を博して今日に及ぶが、その源は、散華された世代への熱き思い入れであり、同時に、その記録を誌して平和の礎とし、後世に伝えんとするにある。

小社の出版物は、戦記、伝記、文学、エッセイ、写真集、その他、すでに一、〇〇〇点を越え、加えて戦後五〇年になんなんとするを契機として「光人社ノンフィクション文庫」を創刊して、読者諸賢の熱烈要望におこたえする次第である。人生のバイブルとして、心弱きときの

図6-15　光人社ノンフィクション文庫創刊（『丸』1992年12月号）

活性の糧として、散華の世代からの感動の肉声に、あなたもぜひ、耳を傾けて下さい！(67)

終戦から五〇周年が迫るなかで創刊された光人社ノンフィクション文庫の存在は、戦記の書き手である体験者が減少し、戦記そのものが古典となっていく状況を象徴している。「勇気と感動を伝える人生のバイブル刊行！」と記されているように、一九八〇年代からみられる戦争体験の自己啓発的受容が強調された。

折しも一九六六年より編集長を務めてきた高野弘が、一九九五年五月号を最後に編集長の座を降り、一九四七年生まれの竹川真一へと交代する。こうして『丸』の編集部からもまた体験世代は退いていったのである。さらにいえば、戦記を中心とした構成を継続していくことの困難性は、単に体験世代の減少に由来するものではない。

ここには、『丸』の受容のされ方としての戦記とメカの断絶が、一九九〇年代までに決定的な状況になっていたことが浮かび上がる。折しも一九九一年に勃発した湾岸戦争では「ハイテク兵器の光」が飛び交うだけの「ニンテンドーウォー」と評されたように、(68) 現実感が伴わないほど高度化された兵器と、アジア・太平洋戦争での戦場体験とはかけ離れたものとなっていた。

こうして戦記とメカニズムが没交渉となるなかで、『丸』の誌面や受容にも個人やモノといった戦争の「細部」への執着が加速していった。そこには、「戦争」が断片化していく今日のミリタリーカルチャーのあり方も透けてみることができよう。

おわりに

エリート少年の反学校文化

敗戦直後の一九四八年に創刊された『丸』は、「ポケットに入る明日の教養」を掲げたダイジェスト誌として始まった。アメリカから輸入され、占領下で爆発的な人気を得た『リーダーズ・ダイジェスト』の形式を模しながら、公職追放の対象となった政財界の大物を論客とするなかで、次第に占領政策批判の論調が目立つようになる。占領政策メディアである『眞相はかうだ』の出版社から生み出されたダイジェスト誌は、やがて占領政策メディアの鬼子となっていったのである。

とはいえ、誌面が占領政策批判一色に染まったわけではない。大宅壮一による俯瞰的な論稿や、総合雑誌を見渡す論壇批評欄なども掲載され、「丸はすべてをふくむ」という党派性を否定したメタ視点を掲げた。そうしたなかで既存の雑誌とは別の立ち位置を取るために、当時の主流な議論を相対化するような論陣を張ったのである。こうしたメタ視点は、通奏低音として戦記雑誌となった後も受け継がれていく。

「丸」を読まずして平和を語る勿れ」とする規範が形成されるにあたって、最大のターニングポイントとなったのは、一九六〇年代の「丸少年」の登場である。

占領終結後の戦記ブームに乗って、『丸』は元兵士や遺族を対象にした戦記専門誌へと転換を図る。遺族や元兵士を読者として想定し、肉親や戦友を失った読者を慰めようと勇壮な戦記を掲載していった。だが、一九六〇年代前後より、勇壮な戦記に惹きつけられて、意図せぬ形で少年層が読者として急浮上していった。「丸少年」と呼ばれた彼ら少年読者たちが『丸』を手に取ったのは、教条的に「戦争はいけない」と語る大人たちへの違和感や反発からである。戦争を体験した大人たちが再び戦争を繰り返してはいけないと『丸』を批判すればするほど、その上から抑えつけるようなパターナリズムへの反発として、かえって「丸少年」たちは戦争や軍事にのめり込んでいった。

大人たちの提示する価値観や図式に追随する「優等生」であることを「丸少年」たちは拒絶した。だからといっても、彼らは「マンボにくるい桃色遊戯にふける不良」だったわけではない。むしろ「丸少年」は、積極的に戦争に関する知識を収集しようとするエリート意識を抱く中高生であった。彼らは教師や保護者たちが語らない「戦争の真相」を求めて『丸』を手に取ったのである。そして、戦争や軍事に関するあらゆる知識を「教養」として主体的に身に付けようとする規範を共有していった。

その名残は、以降も軍事評論家たちの間にみられる。小山内宏に感化されて軍事評論家となった神浦元彰は、学ぶべき対象を次のように述べている。

> 軍事問題としてのあつかう範囲の広さといったら、ほかに比較するものがないくらいだ。古い武器から最新の武器、潜水艦や航空母艦やミサイル艦といった戦闘艦艇、ヘリから戦闘機、爆撃機や巡航ミサイルといったもの等。核兵器に核戦略、軍縮に核問題、国内政治や国際政治、電子器機に新技術、情報、内乱、内戦、戦史、宇宙開発に宇宙兵器、平和運動、危機管理……狭い私の部屋にギッシリとならんだ資料の本のかずかず。その背表紙を見ているだけで疲れてくるほどだ。(1)

戦争や軍事への興味関心を、国際情勢や歴史を把握するための術へと彼らなりに昇華しようとしていたのであった。そこには、エリート少年たちの反学校文化としての『丸』の受容が見て取れる。「戦争はいけない」と少年たちの関心を抑えつけようとする学校・教師への違和、戦後民主主義への違和を起点しながら、「平和を欲するなら戦争を理解せよ」という価値規範が生み出されていった。

軍事評論についても、今日では日本の安全保障を国際政治における外交カードとして論じるような、現実主義的な立場を想起するが、それとは異質な軍事評論のあり方も存在しえた。「いくら平和運動といっても、核兵器、核戦略を知らなければ有効とはならないのではありませんか。平和のための軍事学を勉強してみる気はありませんか」と小山内が神浦へと語ったように、平和運動を「有効」にするための手段として軍事を語ろうとする態度もあり得たのである。[2]

「丸少年」たちが抱く戦闘機や軍艦への興味の背後には、公的な政治や歴史への問題意識が存在していたのである。少年読者は「最初は零戦や戦車などが多く載っているからという気持でしたが、今では戦争のすべてを知るための本だとわかりました」と述べている。[3] もちろんこうした政治や歴史への問題意識は、戦闘機や軍艦を愛好するための大義名分や理由付けとして始まったものであったかもしれない。だが、実際その後「丸少年」たちは、保守論壇や平和運動など、主張や立場を異にしながらも実際の政治領域へと参与していった。

闘争の手段と逆説

「丸少年」の志向が学校や教師、ひいては戦後民主主義の違和感を引き金にしているからといって、「右傾化」という言葉では片づけられない。一九六〇年代当時台頭し始めた保守論壇での現実主義と接続する向きもあったが、「「丸」を読まずして平和を語る勿れ」という思考は、「右か左か」「保守かリベラルか」といったような二分法で割り切れるようなものではない。

「平和を欲するなら戦争を理解せよ」というフレーズは、古今東西のさまざまな軍事論者が説いてきた格言でもある。とりわけ『丸』の読者たちが「戦争学の聖典」として引用するのはクラウゼヴィッツの『戦争論』である。同書は日本でも戦前より翻訳されていたが、一九六八年岩波文庫に収録されたことにより、「かくれたしずかなブーム」となっていた。「丸少年」が読者として定着していた当時、『戦争論』の受容が『丸』でも取り上げられている。

> 日常の会社経営はもとより、労働運動、学生運動などを、一つの闘争と見れば、現在のように、表立ってはなばなしく闘争運動が行われる時、戦争（闘争）の哲学的原理をもとめるのは当然である。
> とすれば、いいかげんな戦術書にあきたらない人びとが、理論の源流をもとめて行くうちに、けっきょく「戦争論」にたどりつくのである。
> 筆者はいまここで、「戦争論」の内容を説明しようとはおもわない。しかし、共産主義理論をうちたてた、マルクス、レーニンが、どれだけ「戦争論」を重視し、研究したか、ということを（ママ）、レーニン全集のなかに掲載されている。[4]

ここではレーニンから左翼運動家、会社経営者に至る『戦争論』の受容が指摘されている。掲げられた主張の内容だけみれば、労働運動や学生運動などの左派とされる運動と、『戦争論』は一見正反対なものに映るだろう。だが、「闘争運動」をいかに動員し組織化するかという形式に着目した場合、両者は一定の親和性を持つ。労働運動や学生運動においても「闘争の哲学的原理」としてクラウゼヴィッツの『戦争論』が参照されたのであった。

左翼運動とクラウゼヴィッツの『戦争論』の親和性に注目する視座は、『丸』のポジションを考えるうえでも示唆的である。「「丸」を読まずして平和を語る勿れ」という標語は、「戦争」と「平和」を分断して思考するジャーナリズムや教育の「良識」との闘争を意味していた。

「丸少年」は、「良識」を持つ大人たちから「反動的」と批判されればされるほど、大人たちの価値規範と闘争するための理論武装として戦争や軍事に関するありとあらゆる知識を収集し、積極的に身に付けようとした。『丸』

の読者たちの「平和を語るためには戦争を知らなければならない」という振る舞いは、大人たちが提示する図式や価値観に抗うための闘争の方法であり、彼らなりに政治や社会などの公的なものを考えるための手掛かりでもあった。実際、「丸少年」の一部は、一九六〇年代の「政治の季節」において学生運動の担い手として大人たちへの闘争を継続していく(5)。

一方で闘争・変革の対象は、「政治の季節」が過ぎるなかで次第に社会から会社組織、そして個人へと限定されていった。『丸』の誌面構成において戦記と兵器が同床異夢となり、それぞれの関心に応じて個別化していくのもこうした動きと連動していた。「戦争」の自己啓発化も、変革の対象を社会全体から会社組織や自己のあり方へと戦線縮小したと考えれば、こうした闘争の延長線上に位置づけることもできよう。

異なる立場の包摂

「「丸」を読まずして平和を語る勿れ」としてあらゆる戦争の知識を扱う『丸』が、総合雑誌として戦記のみならず安保体制やベトナム戦争などの政治社会問題を積極的に取りあげていく過程で、結果的には、世代や思想的立場を越えて様々な方面から戦争や軍備について論じる言説空間を用意した。そうした言説空間は、一方で保守論壇へと接続しながら、同時に進歩的な論者との対話可能性をも担保していた。

戦記や兵器といったミリタリーへの関心は、今でこそ「保守的」、ともすれば「好戦的」で「ナショナリズム」との関連で見られがちである。だが、一九六〇年代の『丸』の誌面にもみられたように、自らの戦争責任を直視し軍隊の組織病理を問うような戦中派の思想とも同居可能なものであった。さらに一九七〇年代には、軍事問題研究会のように「反戦平和」主義の視点に基づく軍事評論とも接続する回路を持ち得ていた。それは、戦争に関してのあらゆる知識や記憶を「教養」と捉え、それを得ることで社会について考えようとしたミリタリー的教養の力学が作動していたことに起因していた。

ミリタリー的教養の規範は、もともとは戦争に対する一切の関心を封じようとする教条的な反戦平和主義への違和感から始まったものである。だが、一九六〇年代の『丸』が戦争に関する幅広い論点を提示する総合雑誌となることで、反戦平和や戦後民主主義を重んじる論者をも逆説的に「戦争を語る知識人」として取り込んでいった。もともとダイジェスト誌として創刊された『丸』の誌名には、議論を見渡す「円形」としての意味が込められたが、一九六〇年代において「丸少年」によるミリタリー的教養の規範を生み出し、立場や世代に関係なく、あらゆる戦争にまつわる知識や論点を収集する媒体となっていた。

もちろん、当時の『丸』の読者のなかには、戦中派の戦争体験論などには目もくれずに、戦記や兵器のみを読むような人々もいただろう。

だが裏を返せば、なぜ当時の『丸』が戦記や兵器のみで閉じずに、わだつみ知識人や藤原弘達、藤井治夫らの論稿を積極的に掲載していたのか。その社会的な意味として、本書では軍事的な知識から政治や社会への関心へと敷衍していくような規範としてのミリタリー的教養を析出した。

対照的に現在の『丸』が戦記や兵器をある種フェティシュに語る雑誌となっていることを踏まえれば、当時の『丸』に見られるこうした規範の背後には、戦記や兵器を白い眼で見る教育者や保護者の戦後民主主義的な価値観への対抗意識が窺える。当時の『丸』の編者や読者たちは、軍事への関心に閉じないことをアピールすることでこそ、戦後民主主義に対して軍事に関する知識を「教養」として正当化することができたのである。そこには、一九六〇年代から一九七〇年代において、戦争観を掛け金とした学校的な戦後民主主義とミリタリーカルチャーとの緊張関係も透けて見えよう。

戦死者の情念に基づく「終戦記念日」への違和感

終戦記念日としての「八月一五日」に対しても、『丸』は独特の姿勢を提示していた。

全国戦没者追悼式や夏の高校野球での黙祷、さらにテレビや映画での戦争関連作品の放送や上映をはじめとして、八月一五日はアジア・太平洋戦争の「終戦の日」とされる。だが佐藤卓己が検証しているように、「終戦の日」とは戦後の日本社会において政治的に創設されたメディアイベントであった。[6] 一九四五年八月一五日の正午に昭和天皇が終戦詔書を読み上げた放送は、ただでさえ当時のラジオ受信機では音響が悪いのに加えて、難解な漢語も利用されていたことで、当時の一般聴取者で理解できた者はそう多くなかった。実際の戦場でもソ連軍との戦闘は八月一五日以降も継続された。また国際的な「終戦記念日」は、ミズーリ号で降伏文書の調印が行われた九月二日である。

実は、日本においても八月一五日が「戦没者を追悼し、平和を記念する日」として閣議決定されたのは一九八二年と、終戦からかなりの時を経てからであった。閣議決定後の一九八五年において、当時『丸』の編集長であった高野弘は「八月一五日」への違和感を次のように述べている。

四二年目の八月一五日—俗悪番組羅列のTV局も財テク記事満載の紙誌もさすがにそれぞれの特集番組・記事で歴史の一大変換期を回顧していた。中には記者さんの事実誤認からのミスも二、三目についたが、まずは仲々の出来栄えであったといえよう。かつて「もはや戦後は終わった」の一言を遺して逝った宰相もあったが、まだまだ「終わっていない」の実感。この時期年一度の備忘録としてそれなりの意味はあろうが、暑さすぎれば薄ら寒い元の木阿彌、一過性の国民性が惜しまれる。翻って本誌。営々四十年。五〇〇号に垂々とす。虚仮の一念。[7]

日本国民にとって八月一五日の「終戦記念日」は、戦争の記憶を想起させる「年に一度の備忘録」と機能している。だが八月一五日の想起は、それ以外の時期での忘却と表裏一体の関係にある。そのような「一過性」のイベントとして扱われることに対して、一年間を通して常に「戦争」の話題を扱う『丸』と高野は違和感を隠さなかった。もちろん商業的な側面から、『丸』の特集でも「終戦記念日」に乗るような特集が組まれることもあった。だが、以前より高野は、「年に一度の感傷では済まされぬ」と「終戦記念日」のあり方には批判的であった。(8) このように戦死者の情念に寄り添う態度によって、政治的に創られた「八月一五日」神話を問い直す視点が提示されていた。

だが、読者と体験世代の高齢化が顕著となる一九九〇年代には、「年中敗戦記念日」を掲げる戦記雑誌としての限界を編集部も吐露するなど、現在に至る過程で、アジア・太平洋戦争よりも最新軍事情勢が主題となりつつある。とはいえ、今日においても「戦史」は誌面構成のなかで一定の役割は占めている。ただし、「戦史」についても、一見同じような対象を扱っているように見えて、そこでの態度は大きく異なるものとなっている。

「真相」「真実」の含意

創刊当初のダイジェスト誌時代から現代軍事情勢をメインとした現在に至るまで、『丸』の誌面のなかに断続的に出てくる言葉が「戦争の真相」や「戦争の真実」である。

注目すべきは、この言葉が指す内容よりも、この言葉の機能である。言い換えれば、「真相」や「真実」の中身が真か偽かよりも、どんな効用を狙って、どんな文脈で語られるのかという点にこそ注目したい。誌面を振り返ってみると、ジャーナリズム、学校教育、政府、GHQなどに対し、それらが隠した「真相」、タブー視する「真実」というように、差別化のタームとして機能してきた。

こうした「真相」や「真実」の話法は、ダイジェスト誌時代に形成されていった議論を見渡す態度に由来している。そもそも創刊当初の『丸』が模した『リーダーズ・ダイジェスト』の形式自体に、「真相」や「真実」を語りたがる要素を孕んでいた。社会学やメディア論の古典とされるD・ブーアスティン『幻影の時代』では、「疑似イベント」を象徴する典型例として、アメリカ現地版の『リーダーズ・ダイジェスト』が取り上げられている。「疑似イベント」とは実際に起こるありのままの事件や出来事ではなく、大衆社会における読者の期待に基づいて製造されるニュースを指すが、他誌に掲載された論文や記事のダイジェストを掲載し人気を集めた『リーダーズ・ダイジェスト』について、ブーアスティンは次のように分析している。

《リーダーズ・ダイジェスト》の興隆ほど、二十世紀アメリカにおける形式の消滅と、体験の間接性の増大をよく示すものはない。アメリカで最も普及しているこの雑誌は、「オリジナル」ではなくダイジェストとして現われたのである。影のほうが、実体より売れるのである。もはや要約やダイジェストは、読者をオリジナルに導いて真に欲するものを手に入れさせる手段ではなくなったのである。ダイジェストそれ自体が、読者の望むものになった。影が実体になったのである。(9)

何がオリジナルで何がコピーか、というように「本物」と「偽物」の境界線が揺らぎ、その関係性が転倒するなかでこそ、「真相」や「真実」というタームが読者に対して訴求力を持つものとなる。こうしたダイジェスト形式のなかで産み落とされた話法は、戦争語りの文脈においても今日まで効力を発揮している。

ダイジェスト誌時代の『丸』では、既存の硬派な総合雑誌との差別化のために、誌名の意味として議論を見渡す「円形」の意味が見出されていった。「丸はすべてを含む」というように、議論を見渡すなかにこそ「真相」や「真実」があるとされたのである。それは、主義主張を相対化するメタ志向として、一九六〇年代における戦争総合誌と化した『丸』のように、一方では異なる立場や価値観を包摂する可能性にも開かれている。しかし、見渡しているように見えても、そこには一定の価値観が入り込む余地があり、特定の視点からの眺めた事象を「真実」とみなす危うさとも表裏一体である。ともすれば、自分たちにとって都合の良いものを「真実」として強調することにもつながる。

「真相」や「真実」の話法は、今日の『丸』においても使用されている。『丸』の創刊七〇年に際して、序章では石破茂の寄稿を紹介したが、同欄では軍事ジャーナリストの井上和彦が以下のように綴っている。

> 愛読書は「丸」―私が子供の頃から読み続けてきた雑誌である。
>
> 大東亜戦争を中心に、陸に海に空にその青春を捧げた日本軍将兵の生々しい肉声が綴られた体験談にどれほど高揚感と感動を覚えてきたことか。想像や類推ではなく、実体験だからこそ胸に響き、その苦労が伝わってくる。
>
> 現在、私が取り組んでいる元軍人のインタビューや「大東亜戦争を語り継ぐ会」(産経新聞月刊「正論」主催)は、まさにその延長線上にある。
>
> だが実戦経験を語っていただける方々は高齢により年々少なくなってゆく。残念だがこればかりはどうしようもない。
>
> 戦後の日本の言論空間や教育の現場では、事実とは異なる歴史の歪曲とねつ造が年々ひどくなる一方であり、日本の近現代史は醜聞の色に染め上げられつつある。だが、これまで「丸」に寄せられた将兵の手記や肉声は、そうした歪曲やねつ造を見事に打ち砕いてくれる最後の砦といえよう。
>
> 当時の日本軍将兵は、いかに至純の愛国心をもって戦い、そして実際の戦闘はどのようなものであったかは、「丸」にしっかりと刻まれてきた。
>
> これまで七〇年もの間、「丸」に記録され続き(ママ)た日本軍将兵の証言は、まさに国宝級の遺産であり、未来の日本人へのなによりの贈り物となろう。[10]

『丸』に掲載されてきた戦記は、「至純の愛国心」を綴った「真実」の物語として意味付けられている。その一方で、そこでは、例えば「生き残って冥福を祈る。それは生者の傲慢であり、偽善でしかない」と戦友会の活性化を批判的に問うた戦中派世代の戦争体験論や、戦争の被害と加害の視点を交差させた革新軍事評論家の軍事解説、軍隊の組織病理を問うた下級兵の体験記などはなかったことにされている。かつての『丸』で提示された、矛盾や葛藤を抱え込んだ彼らの戦争語りは、分かりやすい解釈を拒むのであった。もちろん一九六三年生まれの井上が世代的にそうした記事に触れるには難しい面もあっただろうが、今日的な視点で振り返ったときに、現在の『丸』からは想像しづらい異質な面が捨象されている。裏を返せば、そこにこそ今日では見落とされている「戦争と平和」についての立論のあり方も浮かび上がってこよう。

雑誌の「雑」としてのメディア機能

とはいえ、『丸』に掲載された戦記の受容が「愛国心」の物語へと収斂していく背景には、出版不況とそれに伴う『丸』運営母体の変化も少なからず関わっている。二〇一七年一一月、経営危機に陥った潮書房光人社は産経新聞出版社に買収され、潮書房光人新社として改組された(11)。さらに二〇一八年七月には、戦記ものを主題とした光人社NF文庫に加え、ノンフィクションを中心とした産経NF文庫を刊行し、両者の「相乗効果」を目指すと発表された(12)。産経NF文庫の創刊に際して、第一弾として収められたのが井上和彦『日本が戦ってくれて感謝しています――アジアが賞賛する日本とあの戦争』であった。二〇二一年二月号からは「封印された日本の近現代史」と題した井上の連載も始まった。井上は初回において『靖国神社百年史』などを引き、戦時期における日本とタイの「同盟国」の

靖国神社広告（『丸』2021年2月号）

関係に触れながら、「ところが戦後、大東亜戦争は〝侵略戦争〟だったと戦勝国による一方的なレッテルを張られ、日本だけが批判にさらされ続けている」と綴っている。[13] 井上が連載を開始するようになった二〇二一年二月号では、折しも背表紙の広告欄には「靖国神社」からの「初詣」を案内する広告が掲載されていることも目を引く。

このように産経新聞グループの傘下に入ったなかでの一連の動きは、井上が語るように『正論』の歴史観とも合流しつつあるようにも映る。だが、こうした傾向もまた「右傾化」として片づけてはいけないだろう。本書でも示してきたように、『丸』の誌面では、日本という国家への愛着やシンパシーをもとに戦争を語る心性は、占領期のダイジェスト誌時代より常に存在してきた。

主張や立場の是非よりも、むしろ注目すべきは、現在の『丸』が読者にとって一つの回路しか想定できないような誌面構成になっている点にある。あらゆる戦争に関する知識を収集しようとした一九六〇年代の『丸』の誌面構成では、異なる複数の立場へと通じる回路があり得た。そこには雑誌の「雑」としての機能、言い換えれば雑多であったとしても、さまざまな立論を見渡すメディア機能が働いていた。読者はそれぞれ特定の論調を選び取っていくにしても、どちらの立場を採ることもできた。だからこそ一方では保守論壇にも、他方で平和運動にも接続しえたのである。あるいは両者とも異なるオルタナティブな戦争観にも開かれていた。

現在に至るなかで、そうした雑誌の「雑」としての、さまざまな立論を見渡す機能が縮小しつつある。もちろん趣味のメディアがインターネットへと移行しつつある二一世紀において、雑誌という媒体が生き残るためにはそうせざるを得ない面もあろう。商品である以上、購読してもらわないと成立せず、出版社の移行も雑誌として存続するための生存戦略である。インターネットという自分が欲した情報を最適化された形で提示してくれるメディアが台頭するなかで、雑誌のあり方自体もさまざまな立論に触れるための媒体から、特定の立場や論調に親しむための媒体へと変化せざるを得なくなっている。

今日、ともすれば議論を見渡す円形としての「丸」から、日の丸の「丸」を連想させる姿へと収斂しつつある。

そうした状況だからこそ、『丸』の来し方は、私たちが「戦争」と「平和」をめぐる議論のなかで何を見落としてきたのかを指し示すものとなっている。

あとがき

『丸』について本格的に研究として取り組むようになったのは、二〇一四年より福間良明先生と山口誠先生らが主催する戦跡研究に参加の機会を頂いてからであった。

知覧といえば、戦時期に陸軍の航空基地が置かれた地である。鹿児島県の辺鄙な山奥にあり、敗戦直後に基地は戦前からの地元産業であった茶畑に戻されもしたが、一九七〇年代以降、過疎化に悩むなかで「特攻」が観光資源として発見された。さらに観光地化のなかで知覧特攻平和会館などが建てられ、現在では「特攻」の聖地となっている。「戦跡」が社会のなかで創られていくプロセスを研究会で各自が様々な対象から紐解いていき、共同研究の成果は『「知覧」の誕生――特攻の記憶はいかに創られてきたのか』（柏書房、二〇一五年）としてまとめられている。

共同研究のなかで、自分の研究対象を探っているときに、『丸』で特攻平和会館を取り上げたある記事を目にした。通常、一般の観光客にとっては知覧特攻平和会館では、遺書や遺品に涙する場である。だが、『丸』では特攻平和会館が「貴重な陸軍機」がみられる場として紹介されていた。特攻平和会館には、疾風や飛燕（現在は日本航空協会へ返却）、さらに陸軍基地にも関わらず鹿児島県沖で引き揚げられた零戦の機体が展示されている。ミリタリーファンにとっては戦闘機の機体を愛でる空間となっているのである。一般の観光客が涙する傍らで、ミリタリーファンは「申し訳ない」と思いつつ戦闘機にどうしても目が行ってしまうという。そんな同床異夢が成立していたことに興味を覚えた。

思い返せば『丸』を研究するきっかけは、学部ゼミの体験にある。筆者は、メディア史や歴史社会学を専門とする福間良明先生のゼミに入った。

当初はスポーツメディアを歴史社会学の視点から研究したいと思って入ったゼミであったが、他のゼミ生の発表や、輪読で取り上げられる文献、そして飲み会での雑談などでは、いつも戦争の話題で溢れていた。同級生の卒論テーマは、零戦や戦記マンガ、海軍カレーなどであった。ゼミコンパでも、いつも戦闘機や軍艦の性能の話になった。戦闘機の離着陸の方法や、旧海軍の各軍艦に搭載されていた艦砲の射程距離など、素人だった私にはとても理解が追い付かないような内容が、熱心に語られていたのを記憶している。福間先生も「私は戦争に詳しくない、好きじゃない」と冗談交じりに言いながら、ゼミ生とのミリタリー談義を楽しんでおられた。特にそのなかの一人であった友人は筋金入りで、いつも嬉々として戦闘機に関するエピソードを雄弁に語ってくれ、部屋に案内してもらうと押し入れには戦闘機の模型の箱が山積みとなっていた。公務員を志望するために他の研究科の修士課程に進みながら、修士論文ではクラウゼヴィッツの『戦争論』をテーマとしていた。

こうしたゼミに身を置くなかで、何がここまで彼らを熱くさせるのだろうと思うようになった。ミリタリーカルチャーそのものよりも、ミリタリーカルチャーに魅かれる人々に興味を持つようになったのである。そうした傍観者としてのミリタリーカルチャー体験こそが本研究の起点であり、問題意識としての重要な核となっている。

一般的に「ミリオタ＝保守」というイメージが定着しており、実際「おわりに」でも触れたように、二〇一八年からの潮書房光人新社の刊行のもとで、そうしたイメージはより強固なものとなりつつあるようにもみえる。しかし、いざ実際に過去の誌面を見ていくと、そうした固定観念は崩されていった。

現在では相反すると思われている思考や立場が、かつての誌面のなかでは絡まりあったり、混然一体となっていた瞬間があった。そこに、ともすれば隘路に入り込んでしまっている戦争についての言説空間を解きほぐし、もう一度議論を行っていく可能性を見出すことができるのではないか。『丸』という長い歴史を持つ雑誌について、その系譜を整理してこそ見えてきた視点であったように思われる。

なお本書の初出は次のとおりである。本書へ組み入れる際に、大幅な加筆・修正を行った。

一章　「「明日の記憶」と「戦争の記憶」との接点――占領期以後における雑誌『丸』の変容」『神戸外大論叢』第七二巻第一号、二〇二〇年

二章・三章　「戦闘機への執着――ミリタリーファンの成立と戦記雑誌の変容」福間良明・山口誠編『「知覧」の誕生――特攻の記憶はいかに創られてきたのか』柏書房、二〇一五年

四章　「戦記雑誌における開かれた戦争観――一九六〇年代『丸』のメディア機能」『京都メディア史年報』第二号、二〇一六年

五章　書き下ろし

六章　書き下ろし

本書を書き上げるうえでは、着想から途中経過、そして書籍としてまとめるまで幾度となく発表を聞いていただいた福間先生にまず感謝を申し上げたい。先にも述べたように、この本のテーマに取り組むようになったのも、福間先生のゼミに身を置かせていただいた体験と、戦跡についての共同研究に参加させていただいたことが何より大きい。メディア文化研究会（通称「軍神会」）においても、谷本奈穂先生、高井昌吏先生、前田至剛先生、山本昭宏さんには、毎度進捗が見えづらく拙い発表ばかりだったにも関わらず、いつも丁寧なご助言を頂いた。また佐藤卓己先生にもゼミなどの場で発表の機会を与えていただき、有益なご助言をいただいた。佐藤先生の研究室紀要に投稿する機会を頂いたことも本研究を前進させる大きなきっかけとなった。神野由紀先生と辻泉先生が主宰された「手作りとジェンダー研究会」においても、二〇一五年から参加させていただき、本書において「趣味」としての戦争という視点を深める機会になった。そして赤上裕幸さん、長﨑励朗さん、白戸健一郎さん、松永智子さん、森

下達さん、水出幸輝さん、大月功雄さん、宮下祥子さん、花田史彦さん、鈴木裕貴さん、岡部茜さんにも、折に触れて本研究についてのご相談に乗っていただいた。全ての方のお名前を挙げることができず、大変心苦しいが、本書を書き上げるにあたっては他にも多くの先生方や先輩方、友人にお世話になった。改めて感謝を申し上げます。

刊行にあたっては、創元社の山口泰生さんに大変お世話になった。筆の遅い私にいつも温かい言葉で励ましていただくだけでなく、本書の最初の読者として貴重なコメントを頂いた。本書がこうして完成にまで至ったのも、山口さんに伴走いただいたからこそである。心より御礼申し上げます。

二〇二一年五月

佐藤彰宣

注

■はじめに

（1）「次号予告」『丸』一九六五年八月号、一六七頁。
（2）もっとも「戦争」に魅せられるという視点は突飛なものではない。例えばロジェ・カイヨワは社会の文明化・民主化に伴う戦争の進展に注目している（ロジェ・カイヨワ（秋枝茂夫訳）『戦争論――われわれの内にひそむ女神ベローナ』法政大学出版、一九七四年）。近代の戦争は、それまでのものとは比較にならない規模や技術レベルで展開されるようになったが、カイヨワはそこには「原始社会において祭りが果たしている役割が、機械化された社会は戦争によって果たされている」（二二二頁）と指摘する。国民国家体制における市民全体が参加可能な「祭り」として、組織的な破壊としての戦争に人々は魅惑されたのである。ただし、本書は「戦争」そのものを論じたいのではない。日本社会のなかで「戦争」に魅せられ、執着してきた人々に注目したい。
（3）「［編集長に聞く］丸・竹川真一さん 戦争体験、風化させない」『毎日新聞』二〇〇四年七月三〇日夕刊。
（4）佐藤卓己編『ヒトラーの呪縛（上）――日本ナチ・カルチャー研究序説』中公文庫、二〇一五年。
（5）石破茂「軍事を知ることが防衛政策の第一歩」『丸』二〇一八年四月号、三五頁。
（6）石破茂・清谷信一『軍事を知らずして平和を語るな』KKベストセラーズ、二〇〇六年。石破茂『国防』新潮文庫、二〇一一年。
（7）池上彰・佐藤優『僕らが毎日やっている最強の読み方――新聞・雑誌・ネット・書籍から「知識と教養」を身につける70の極意』東洋経済新報社、二〇一六年、一三〇頁。
（8）池上彰・佐藤優『僕らが毎日やっている最強の読み方――新聞・雑誌・ネット・書籍から「知識と教養」を身につける70の極意』東洋経済新報社、二〇一六年、一三一頁。
（9）もちろん同時代史や歴史社会学の分野においても、これまで戦争体験・戦記ものに関する研究の蓄積は一定ある。高橋三郎『「戦記もの」を読む――戦争体験と戦後日本社会』（アカデミア、一九八八年）や吉田裕『日本人の戦争観――戦後史のなかの変容』（岩波現代文庫、二〇〇五年）、吉田裕『兵士たちの戦後史――戦後日本社会を支えた人びと』（岩波現代文庫、二〇二〇年）、福間良明『「戦争体験」の戦後史――世代・教養・イデオロギー』（中公新書、二〇〇九年）、成田龍一『「戦争経験」の戦後史――語られた体験／証言／記憶』（岩波書店、二〇一〇年）などが代表的なものとして挙げられる。本書もこれらの戦記ものに関する研究に多くを負っている。『丸』の存在についても、特に一九五〇年代の戦記ブームとの関わりで言及されてきた。しかしその後、『丸』とその読者がどうなったのかについては検討の余地が残っている。今日まで続く『丸』の変遷を整理することは、一九五〇年代の戦記ブームは何を遺したのかを問うことにもつながるだろう。

さらに近年では、「戦争の記憶」と政治的態度を問う社会学的研究にも注目が集まっている。伊藤公雄『「戦後」という意味空間』(インパクト出版会、二〇一七年)、倉橋耕平『歴史修正主義とサブカルチャー——90年代保守言説とメディア文化』(青弓社、二〇一八年)、伊藤昌亮『ネット右派の歴史社会学——アンダーグラウンド平成史一九九〇—二〇〇〇年代』(青弓社、二〇一九年)などである。これらの研究では、「戦後民主主義」と「歴史修正主義」の絡まり合いが検討されている。『丸』は、両者の狭間にいた存在でもあった。「親日か／反日か」、「好戦か／反戦か」、「加害か／被害か」などの二分法的な価値規範では割り切れないような戦争と平和を語る雑誌として存在してきた。

他方で「戦争」を取り巻く趣味として、ナチカルチャーや戦艦、模型、架空戦記などの研究もなされてきた。それぞれ一ノ瀬俊也『戦艦大和講義——私たちにとって太平洋戦争とは何か』(人文書院、二〇一五年)、佐藤卓己編『ヒトラーの呪縛——日本ナチカルチャー研究序説』(中公文庫、二〇一五年)、松井広志『模型のメディア論——時空間を媒介する「モノ」』(青弓社、二〇一七年)、赤上裕幸『「もしもあの時」の社会学——歴史にifがあったなら』(筑摩選書、二〇一八年)である。これらが誌面上で一堂に会した『丸』という媒体は、日本のミリタリーカルチャーの結節点として捉えることもできる。

(10) 高橋三郎・吉田純「ミリタリー雑誌」ミリタリー・カルチャー研究会『ミリタリー・カルチャー研究——データで読む現代日本の戦争観』青弓社、二〇二〇年、二六三頁。

(11) メディアセンターリサーチ編『雑誌新聞総かたろぐ二〇一四年版』メディアセンターリサーチ、二〇一四年、一八三頁。メディアセンターリサーチ編『雑誌新聞総かたろぐ二〇一九年版』メディアセンターリサーチ、二〇一九年、一四九頁。

(12) 永嶺重敏『雑誌と読者の近代』日本エディタースクール出版、一九九七年、ii頁。

■第一章

(1) 出久根達郎『雑誌倶楽部』実業之日本社、二〇一四年、二五三頁。ただし出久根の回想では「戦記雑誌」としての『丸』を見た記憶は「一九五四年」とされている(二五四頁)。また二〇〇四年に『毎日新聞』が行った編集長のインタビューのなかでも「戦記雑誌」化した時期は「一九五四年ごろ」とされている(「編集長に聞く——丸・竹川真一さん 戦争体験、風化させない」『毎日新聞』二〇〇四年七月三〇日東京夕刊)。しかしながら、上記の通り『丸』は少なくとも一九五六年三月号までは「総合雑誌」の体裁を取っていた。こうした記憶違いが生じあいまいなままになっている状況を鑑みても、「総合雑誌」時代の『丸』のあり様を検証する必要はあろう。

（2）成田龍一『「戦争経験」の戦後史』（岩波書店、二〇一〇年）や吉田裕『兵士たちの戦後史』（岩波書店、二〇一一年）などがある。また出版史においても塩澤実信「光人社——戦記に籠められた反省」（『出版社大全』論創社、二〇〇三年、五八四—五九〇頁）のなかでも、出版社および編集者の視点から『丸』が戦記雑誌化する状況が一部言及されている。

（3）吉田裕『兵士たちの戦後史』岩波書店、二〇一一年、七五頁。同書の中で、『丸』の戦記雑誌化は、「「もはや戦後でない」の一九五六年頃」の「第二の「戦記ブーム」」の一例として取り上げられている（七七-八〇頁）。しかし『丸』は講和条約発効の一九五二年の時点ですでに刊行されており、戦記雑誌化が単に出版界の「戦記ブーム」に乗ったのであれば、「第一の戦記ブーム」の際でもよかったはずである。その意味で『丸』の戦記雑誌化が、なぜ「第一の戦記ブーム」の時期ではなく、「第二の戦記ブーム」の時期だったのかを明らかにするためには、戦記雑誌化以前の『丸』を内在的に分析する必要がある。

（4）占領期の文化史研究として『リーダーズ・ダイジェスト』に触れている研究としては、五十嵐惠邦『敗戦の記憶』（中央公論新社、二〇〇七年）、谷川建司編『占領期のキーワード一〇〇』（青弓社、二〇一一年）、土屋礼子編『占領期生活世相誌資料Ⅲメディア新生活』（新曜社、二〇一六年）などが挙げられる。その他、占領期の雑誌文化についての研究としては、山本武利編『占領期文化をひらく——雑誌の諸相』（早稲田大学出版部、二〇〇六年）などがある。

（5）「編集後記」『丸』一九五二年一月号、一二二頁。

（6）日本出版協同編『日本出版年鑑昭和二二至二三年版』日本出版協同、一九四八年、「第六篇発行所一覧」九八頁。

（7）大島秀人『出版社要録昭和三四年第二編』東京産経興信所、一九五九年、四五四頁（石川巧編『高度成長期の出版社調査事典第二巻』金沢文圃閣、二〇一四年、四九六頁に収録）。芝東吾の名は、一九三二年に刊行された『日本新聞年鑑昭和八年版』のジャパン・タイムス社の欄でも「営局」担当として記載されている（新聞研究所編『日本新聞年鑑昭和八年』新聞研究所、一九三二年、「第二篇現勢」一一頁）。

（8）占領政策として放送されたラジオ番組「眞相はかうだ」・「眞相箱」については、竹山昭子「GHQの戦争有罪キャンペーン——『太平洋戦争史』『真相はかうだ』が語るもの」（『メディア史研究』三〇号、二〇一一年、一七-四一頁）、太田奈名子「占領期ラジオ番組『真相箱』が築いた〈天皇〉と〈国民〉の関係性」（『マス・コミュニケーション研究』九四号、二〇一九年、九三—一一一頁）などに詳しい。

（9）情報教育政策としての「ウォー・ギルト・プログラム」に込められたGHQ側の意図は、賀茂道子『ウォー・ギルト・プログラム——GHQ情報教育政策の実像』(法政大学出版局、二〇一八年)に詳しい。

(10) 総理府新聞出版用紙割当局『新聞出版用紙割当制度の概要とその業務実績　第三　出版編』一九五一年、一三七頁(大久保久雄・福島鑄郎監修『新聞出版用紙割当制度の概要とその業務実績 第二巻』収用)。

(11) 「赤・青の信号　読者だより」『丸』一九四八年六月号、九〇頁。

(12) 創刊から三年を経た一九五〇年時点においても、「いまだに誌名の「丸」のゆらいを盛んにたずねられます」としたうえで、「名付親」である主幹の芝東吾からの説明として、「私は簡単な一字でわかりよく、しかも先入観をもたぬようなものを捜していました。戦時中、上海の赤バスに乗つていた時、ひよつと「丸」という字が頭にうかんだので、これがいい、これこそ右の条件にあてはまるものと考えました」とされた(「編集のひととき」『丸』一九五〇年一一月号、一二二頁)。芝のこの回想から、『丸』という誌名は芝の直感的なアイデアによって決められ、当初においてはそこに特別の意味がなかったことがわかる。

(13) 「編集室から」『丸』一九四八年三月号、八〇頁。

(14) 土屋礼子編『占領期生活世相誌資料Ⅲメディア新生活』新曜社、二〇一六年、一九頁。

(15) 「赤・青の信号　読者だより」『丸』一九四八年一二月号、九八頁。

(16) 「赤・青の信号　読者だより」『丸』一九四八年八月号、九〇頁。

(17) 「赤・青の信号　読者だより」『丸』一九四八年四月号、九〇頁。

(18) 「赤・青の信号　読者だより」『丸』一九四八年六月号、九〇頁。

(19) 「赤・青の信号　読者だより」『丸』一九四八年八月号、九〇頁。

(20) 小型なB6判での刊行は、一九四八年三月の創刊から一九五六年三月号までの八年間の「総合雑誌」時代続けられた。

(21) 公職追放については、増田弘『公職追放』(東京大学出版会、一九九六年)をはじめ、楠綾子『現代日本政治史①占領から独立へ一九四五〜一九五二』(吉川弘文館、二〇一三年)、楠綾子「米国の日本占領政策とその転換」(山内昌之ほか編『日本近現代史講義』中公新書、二〇一九年、二〇三-二一九頁)、吉田裕『兵士たちの戦後史』(岩波書店、二〇一一年)などに詳しい。

(22) 赤澤史朗「公職追放」佐々木毅ほか編『戦後史大事典増補新版』三省堂、二〇〇五年、二六八頁。

(23) 吉田裕『兵士たちの戦後史』岩波書店、二〇一一年、四三頁。

(24) 「編集のひととき」『丸』一九五一年九月号、二-三頁。

(25) 五十嵐惠邦『敗戦の記憶』中央公論新社、二〇〇七年、一二八-一二九頁。

(26) 田鎖源一「欧露抑留記」『丸』一九四八年四月号、三一頁。
(27) 富田武『シベリア抑留』中公新書、二〇一六年、一頁。
(28) 「赤・青の信号　読者だより」『丸』一九四八年五月号、九〇頁。
(29) 「赤・青の信号　読者だより」『丸』一九四八年一〇月号、九四頁。
(30) 野村吉三郎「日本海軍回顧録」『丸』一九四八年八月号、一八頁。
(31) 「赤・青の信号　読者だより」『丸』一九四八年一〇月号、九四頁。
(32) 「レイテ海戦」に関する記事を歓迎する声としては以下のようなものがある。「私は二十六年間、海外生活をしていて、母国の土を踏んでからまだ二年半の新参者です。引揚げ以来、日本の雑誌を読む暇もなかつたのですが、貴誌が第一番にレイテ海戦の記事を掲載して深い感銘をあたえたので、私は貴誌の特色を砂漠のオアシスとして毎月愛読している次第です。願わくば、我々の修養に資する記事を選んでいただきたいと存じます」（「赤・青の信号　読者だより」『丸』一九四九年一〇月号、一一四頁）。
(33) 「赤・青の信号　読者だより」『丸』一九四九年四月号、一〇六頁。
(34) 一ノ瀬俊也『戦艦武蔵』中公新書、二〇一六年。また他にも終戦後における戦艦武蔵への言及としては、書籍版『眞相はかうだ』（聯合プレス社、一九四七年）のなかにも「戦艦武蔵沈没の模様」についての解説がみられる（一一頁）。
(35) 同様の声として以下のようなものがある。「戦艦武蔵、レイテ海戦等の特種（ママ）を載せて下さるので、毎号首をながくして御誌の出るのを待つています。ついては、このような戦時中は秘密にされたまま、現在でもなお秘密のヴエールに覆われている諸記録を、今後も発表していただけたら幸いと存じます」（「赤・青の信号　読者だより」『丸』一九四九年三月号、一〇六頁）。
(36) 「赤・青の信号　読者だより」『丸』一九四九年九月号、一一〇頁。
(37) 佐藤卓己『流言のメディア史』岩波新書、二〇一九年。
(38) 「赤・青の信号　読者だより」『丸』一九四九年五月号、一〇六頁。
(39) 「赤・青の信号　読者だより」『丸』一九四九年八月号、一〇六頁。
(40) 「赤・青の信号　読者だより」『丸』一九四九年六月号、一〇六頁。
(41) 「丸の問い」『丸』一九四九年一二月号、七六頁。
(42) 大宅壮一「アンパイアがない」『丸』一九四九年一二月号、八〇頁。大宅はさらに「日本という小さなグラウンドで、アンパイアのない試合をしている。しかも、競技者双方が自分に都合のいいルールを使つていて、両方ともセーフ、セーフと叫んでいるような有様である。今こそ進駐軍という場内取締的な力があるからいいが、これは永久につづくものではない」とし、「要するに、左右両者の中に割つて入つて双方が納得する形で収まりをつける人がない、理論がないことが当面の日本の最も重大な問題である」と説いている。

(43) 「丸の問い」『丸』一九五〇年一月号、二七–三一、三五–三七頁。

(44) 「丸の問い」『丸』一九五〇年二月号、三四–三八、七七–七八頁。

(45) 「「丸」誌上ラウンドテーブル」『丸』一九五〇年九月号、六〇頁。寄稿者には、大宅壮一、尾形昭二、石川三四郎、鍋山貞親、下村海南、平林たい子らが名を連ねた。同欄では「中国はすでに共産政権の治下にある。マライ、インドシナ、フイリツピン等における共産党の地下運動も熾烈をきわめている。日本は極東反共勢力の防波堤として、この共産攻勢にいかに対処すべきであるか」（六〇頁）とテーマ設定の意図が述べられている。

(46) 「丸の問い」『丸』一九五一年一二月号、九八–一〇四頁。なおこの号では一時的に「丸の問い」という名称に戻される。「今後の共産党対策はどうあるべきか、国内的に問題の焦点として注視されるに至った非合法化は、果して是か非か」（九八頁）として、岩淵辰雄、佐野学、浅沼稲次郎、「八幡製鉄労組委員長」岡田芳彦、阿部真之助、菊川忠雄、「日本婦人有権者同盟」斎藤きえ、大宅壮一、渡辺銕蔵らが回答を寄せている。

(47) 「大川氏が戦犯として巣鴨に入つたのは三度目であつた、それまで五・一五事件、二・二六事件、大川氏はその当時のことども、巣鴨の同房の松井将軍、東条、豊田、眞崎のことなど語る」（大川周明「刑務所人物談」『丸』一九五二年七月号、六八頁）。

(48) 同企画においては、設定そのものが占領政策の批判的なニュアンスを含むものであった。編集部は「アメリカの日本占領政策には大きな過ちがあつた、そしてそれは、中国に対しての政策に一貫性を欠くことと軌を一にする、単なる採算主義によつて、他の民族を支配し、これに独善的自己の主義を強制しようとするならばやがてその勢力は一歩一歩後退せざるを得なくなるであろう、心すべきは自負驕慢の思想である」（『丸』一九五二年一二月号、八二頁）と述べている。

(49) 「編集後記」『丸』一九五二年四月号、一二〇頁。

(50) 「編集後記」『丸』一九五二年三月号、一二三頁。

(51) 「「丸」の雑誌展望」『丸』一九五〇年一〇月号、九六–九九頁。

(52) 「編集後記」『丸』一九五二年八月号、一三九頁。

(53) 辻政信「米ソ戦わば」『丸』一九五三年一月号、五三頁。翌月号（一九五三年二月号）でも、元大本営陸軍作戦課長元大佐・林三郎「朝鮮戦線の新情勢」が掲載され、冷戦状況や朝鮮戦争を読み解くためには、元軍人の視点が有用であると以下のように説かれた。「前号の辻政信氏の「米ソ戦わば」に引き続き今号では日本有数のソ連通、元大本営陸軍作戦課長林三郎大佐が最新の情報と資料を駆使して、ソ連の実勢力を衝き、その朝鮮における今後の出方を究明しております。日本人に最も関心深い「朝鮮戦線の新情勢」が色眼鏡なしに描かれております」（「編集後記」『丸』一九五三年二月号、一六九頁）。

(54) 「編集後記」『丸』一九五三年一月号、一五五頁。

(55) 大宅壮一「辻政信という人物」『丸』一九五三年一月号、六七－七〇頁。なお大宅は「文芸作品としては大岡昇平の「俘虜記」梅崎春生の「日の果て」駒田信二の「脱出」等が比較的好評であった」と述べている。

(56) 大宅壮一「辻政信という人物」『丸』一九五三年一月号、六七－七〇頁。

(57) 阪本博志『『大宅壮一の「戦後」』』人文書院、二〇一九年、一五〇頁。

(58) 大宅壮一「辻政信という人物」『丸』一九五三年一月号、七〇頁。

(59) 芝東吾「「丸」創刊五周年に際して」『丸』一九五三年三月号、三頁。「編集後記」でも以下のように編集部より述べている。「面白くためになる記事にも力を入れて、政治、経済ばかりでなく、広く話題を採上げ、一家こぞつて楽しみ、読み、明日の教養に役立たせるような雑誌にしてゆきたいと考え、その第一歩を、この特別記念号からスタートした訳です」（一九五三年三月号、一六九頁）。

(60) 「編集後記」『丸』一九五五年三月号、八二頁。

(61) 「読者のページ」『丸』一九五四年七月号、一三三頁。

(62) 「編集後記」『丸』一九五五年五月号、八二頁。

(63) 塩澤実信「光人社――戦記に籠められた反省」（『出版社大全』論創社、二〇〇三年、五八四－五九〇頁）では、その後「戦記雑誌」化した『丸』を主幹として担った高城肇への聞き取りを行ったとみられる。ただし、聞き取りの部分では「芝吾郎」とされている（五八五頁）。

(64) 塩澤実信「光人社――戦記に籠められた反省」『出版社大全』論創社、二〇〇三年、五八五頁。

(65) 同右、五八六頁。

(66) 日外アソシエーツ編集部編『日本出版文化史事典』日外アソシエーツ株式会社、二〇一〇年、一七一頁。

(67) 「編集後記」『丸』一九五六年四月号、一〇六頁。なお奥付の編集人の欄には増永嘉之助、そして発行人の欄には牧屋善三の本名である岡田五郎の名前が記されている（『丸』一九五六年四月号、一〇六頁）。

(68) これまでの戦記に関する研究では、講和条約発効後の占領政策への反動として「戦記ブーム」が生じたとされてきた。ただし「総合雑誌」としての『丸』のなかには、戦記の存在が「明日の教養」の一つとして読者から歓迎されていく状況が見て取れる。つまり、占領期より戦記にはすでに一定の需要があり、『丸』ではそれを下地に「占領政策への反動」を重ねていくなかで、戦記の存在が誌面のなかで増していったといえよう。
(69) 高城肇「雑誌「丸」五十年の歩み」『丸』一九九八年五月号、七〇頁。
■第二章

(1)「編集後記」『丸』一九五六年四月号、一〇六頁。
(2) 同右、一〇六頁。
(3)『丸』一九五八年一月号、二一三頁。
(4)『丸』一九五八年一〇月号、二三七頁。
(5) 同右、二三七頁。
(6)「潜水艦関係者慰霊祭について」『丸』一九五八年六月号、二一四-二一五頁。潜水艦関係者による慰霊祭の状況はその他にも逐次伝えられている(一九五八年二月号、二一五頁)。
(7)「読者から編集者から」『丸』一九五七年七月号、二〇八頁。
(8)「読者から編集者から」『丸』一九五七年十二月号、二一三頁。
(9) 高橋三郎『「戦記もの」を読む――戦争体験と戦後日本社会』アカデミア出版会、一九八八年、四〇-四一頁。
(10)『丸』一九五八年七月号、二四〇頁。
(11) 安延多計夫「連載神風特別攻撃隊かく戦えり第一回」『丸』一九五七年十二月号、一三七頁。
(12) 同右、一三七頁。「供養」や「慰め」の意図で、一九五〇年代後半に特攻観音を言及している者が、『丸』の誌上にもう一人いた。元陸軍中将・菅原道大である。知覧での特攻観音設置の発起人の一人である菅原は、一九五八年九月臨時増刊号の「神風特別攻撃隊総集版――神風と回転」にて「一特攻隊員司令官の告白」との題で寄稿している。その中で、菅原は特攻観音堂が「特攻隊縁ゆかりの地」として知覧に設置された経緯について、説明しながら以下のように述べている。「かくてもしみなさまのご子弟をして華々しき戦果をおさめえずして、徒死に終らしめたようなことがあったならば、軍司令官たる私としては罪まさに万死に価するもので、英霊に対して深くお詫び申上げて、その冥福をお祈りすると共に、この欄をお借りして、ご父兄たるみなさまにも厚くお詫び申し上げたる次第であります」(菅原道大「一特攻隊員司令官の告白」『丸』一九五八年九月臨時増刊号、一三七及び一三八頁)。菅原の弁によると、特攻観音堂の建立は隊員たちへの贖罪であった。ここでより重要なのは、この記事が特攻隊員の遺族を想定して書かれている点にある。つまり、菅原は、隊員たちの「父兄たるみなさま」が読むことを想定して「お詫び」の旨を綴っているのである。その意味で、まさに当時の戦記雑誌としての『丸』は、遺族が読むメディアでもあったといえよう。

(13) 「読者から編集者から」『丸』一九五七年五月号、二〇八頁。

(14) 「読者から編集者から」『丸』一九五八年五月号、二一六頁。

(15) 「平和人物大事典」刊行会編『平和人物大事典』日本図書センター、二〇〇六年、三二三頁。

(16) 高木俊朗「インパール戦記」『丸』一九五七年五月臨時増刊号、一一〇―一四三頁。

(17) 鈴木徹造『出版人物事典』出版ニュース社、一九九六年、二七三―二七四頁。

(18) 宗像和広『戦記が語る日本陸軍』銀河出版、一九九六年、一二頁。なお服部卓四郎『大東亜戦史』は、一九五六年にも鱒書房より全八巻に変更して刊行されている。

(19) 吉田裕『日本人の戦争観――戦後史のなかの変容』岩波現代文庫、二〇〇五年、九六頁。吉田は、さらに同書が「服部の著作とされてはいるが、実際には各戦域の参謀クラスの休幕僚将校が分担執筆し、元大本営参謀の稲葉正夫が全体のとりまとめにあたったものである」(九七頁)と指摘している。

(20) 鱒書房はその他、全四巻の秋永芳郎『物語太平洋戦争』も一九五六年に刊行している。

(21) 稲岡勝監修『出版文化人物事典――江戸から近現代・出版人一六〇〇人』日外アソシエーツ、二〇一三年、二二二頁。高城肇「雑誌「丸」五十年の歩み」『丸』一九九八年五月号、六九頁。

(22) 大島秀人『出版社要録昭和三四年第二編』東京産経興信所、一九五九年、二六五頁(石川巧編『高度成長期の出版社調査事典第二巻』金沢文圃閣、二〇一四年、三〇五頁に収録)。

(23) 坂井三郎・高城肇「大空のサムライ始末」『丸』一九七四年二月号、一八二頁。

(24) 坂井三郎・高城肇「大空のサムライ始末」『丸』一九七四年八月号、一六八頁。

(25) 高城肇『英君への手紙――こうして戦争は起こり戦争は終わった』光人社、一九九一年、一二頁。

(26) 同右、一九九一年、一四五頁。

(27) 同右、一九九一年、二〇一―二〇二頁。

(28) 実際、高城肇『英君への手紙』は、高城自らの私的な体験と、開戦から終戦にいたる政府や軍首脳部の公的な状況を応答させながら記述されている。

(29) 高城肇『英君への手紙』、二〇二頁。

(30) 同右、二〇三頁。

(31) 同右、六頁。

(32) 坂井三郎・高城肇「大空のサムライ始末」『丸』一九七三年三月号、一三〇頁。
(33) 斎藤五郎編『出版社調査録（第二版）』丸の内リサーチセンター、一九六九年、一一二頁（石川巧編『高度成長期の出版社調査事典第四巻』金沢文圃閣、二〇一五年、一六〇頁に収録）。
(34) 高橋三郎『「戦記もの」を読む――戦争体験と戦後日本社会』アカデミア、一九八八年、三三頁。
(35) 「また〝戦記もの〟ブーム　目立つ負けおしみ調」『読売新聞』一九五六年四月一四日朝刊。
(36) 同右。
(37) 『丸』一九五七年三月号、目次。
(38) 「編集後記」『丸』一九五七年三月号、一〇八頁。
(39) 「読者から編集者から」『丸』一九五六年十二月号、一〇六－一〇七頁。
(40) 「胸のすくような快勝の記録」への批判的な言説としては、次のような投書が挙げられる。「『丸』の編集に感謝します。今度の戦争に関係のない家庭は皆無と思います。それだけに巻頭に主題的な条文を明記していただきたい。すなわち、貴誌が好戦的な意識を徴発し、再軍備に連なるものではないことを規定すべきです。戦争の惨苦をともすればわれわれは忘れがちです。貴誌はそうした心の動きに対する警鐘であらねばなりません」（「読者から編集者から」『丸』一九五七年二月号、一九二頁）。「私は『丸』を愛するが故に不満を持っている。近頃の『丸』の編集方針を見ていると、いたずらに旧軍隊を賛美してばかりいるようだ。『丸』が誠実な戦記雑誌を自負するならば、軍隊の醜悪な面や戦争の非人間性を剔抉したような記事も載せるべきであると思う。」（「読者から編集者から」『丸』一九五九年二月号、二六六頁）。
(41) 「読者から編集者から」『丸』一九五七年三月号、一〇七頁。
(42) 「読者から編集者から」『丸』一九五七年一二月号、二一三頁。
(43) 「謹告」『丸』一九五九年八月号、一四三頁。
(44) 「『日本を考える会』についての反響」『丸』一九五九年一〇月号、一七七頁。
(45) 同右、一七七頁。他方で「趣旨には賛成ですが、貴誌の読者層は左にはかたよらないだろうが、極端な右にかたよらないよう細心の注意をはらわれるよう切望します」という声も存在していた。
(46) 同右『丸』一九五九年一二月号、一七七頁。
(47) 「読者から編集者から」『丸』一九五八年四月号、二五〇頁。
(48) 田河水泡と戦前の「のらくろ」については、萩原由加里「田河水泡――「笑い」を追求した漫画家」（筒井清忠編『昭和史講義【戦前文化人篇】』ちくま新書、二〇一九年、二二三－二四〇頁）を参照。

(49) 同右、二三〇―二三三頁。
(50) 田河水泡・高見澤潤子『のらくろ一代記――田河水泡自叙伝』講談社、一九九一年、一九三頁。
(51) 田河水泡「のらくろ再登場」『丸』一九五八年九月号、八八頁。
(52) 同右、八八頁。
(53) 「読者から編集者から」『丸』一九五八年一一月号、二九九頁。
(54) 「読者から編集者から」『丸』一九五八年一〇月号、二九九頁。
(55) 田河水泡「のらくろ再登場」『丸』一九五八年九月号、八九頁。
(56) 亀井文夫については大月功雄「総力戦体制と戦争記録映画――亀井文夫の日中戦争三部作をめぐって」(『年報日本現代史』二三号、二〇一八年、二八五―三一七頁)に、また岩崎昶については花田史彦「社会を変える映画論の射程――映画評論家・岩崎昶の「大衆」観を中心に」(『マス・コミュニケーション研究』第九二号、二〇一八年、一八三―二〇二頁)にそれぞれ詳しい。
(57) 水木しげる「わが狂乱怒濤時代」『別冊評論』一九八〇年秋号、五九頁。
(58) 「読者から編集者から」『丸』一九六五年六月号、二一六頁。

■第三章

(1) 「丸の既巻号を揃えましょう」『丸』一九六〇年一月号、一七三頁。
(2) 同右、一七三頁。
(3) 堀越二郎と零戦については、一ノ瀬俊也『戦艦大和講義』(人文書院、二〇一五年)内の「第一四講　もう一方の日本海軍の雄・零戦はなぜ日本人に人気があるのか」に詳しい。
(4) 「編集後記」『丸』一九六〇年二月号、一八〇頁。
(5) 一例として一九六二年二月号の特集「零戦・大和」では、目次においては「零戦のメカニズムと戦績のすべて」として、先述した堀越二郎の技術解説と「血を吐くような連日連夜の激闘つづくソロモンの上空を懐古するゼロ戦戦闘機隊司令の手記」が同じ特集内に掲載されている(『丸』一九六二年二月号、目次)。
(6) 「読者から編集者から」『丸』一九六一年一二月号、二〇四頁。
(7) 同右、二〇七頁。
(8) 「読者から編集者から」『丸』一九六二年一月号、二〇七頁。

(9) 「読者から編集者から」『丸』一九六〇年六月号、一七八頁。

(10) 一九六〇年代の少年文化内での戦争ブームについては、伊藤公雄「戦後男の子文化のなかの「戦争」」および高橋由典「一九六〇年代少年週刊誌における「戦争」――「少年マガジン」の事例」（いずれも中久郎編『戦後日本のなかの「戦争」』世界思想社、二〇〇四年）、また吉田裕『日本人の戦争観――戦後史のなかの変容』（岩波現代文庫、二〇〇五年」などが詳しい。戦後社会と「男の子文化」の関係を鋭く論じている伊藤公雄は、一九六〇年代の少年マンガ誌を取り上げ、マンガにおける「戦争ブーム」を「男の子のミリタリー・カルチャー」として読み解いている。また、戦後における「戦記もの」の変遷を精緻に追った吉田裕も同様に、少年マンガ誌における六〇年代中頃までのこの異常ともいえる「戦記ブーム」を、「戦争体験のある種の「風化」」として論じている。高橋由典は具体的に当時の『少年マガジン』の特集記事を分析し、少年たちの間で戦争への「共感」が形成されるプロセスを明らかにしている。

(11) 『出版社要録昭和三四年度第二篇』東京産経興信所、一九五九年、二六五頁（同書の復刻版となる石川巧編『高度成長期の出版社調査事典第二巻』三〇五頁より）。また『丸』と潮書房および高城肇との関係については、塩澤実信『出版社大全』（二〇〇三年）や神立尚紀『祖父たちの零戦』（二〇一三年）のなかでも一部、言及されている。

(12) 井岡芳次「出会いから五〇年――本誌主幹故高城肇を偲ぶ」『丸』二〇一〇年七月号、一一六頁。

(13) 「次号予告」『丸』一九六四年三月号、一九七頁。

(14) 小松崎茂については、根本圭助『異能の画家・小松崎茂―その人と画業のすべて』（光人社NF文庫、二〇〇〇年）に詳しい。

(15) 松井広志『模型のメディア論――時空間を媒介する「モノ」』青弓社、二〇一七年。

(16) 「読者から編集者から」『丸』一九六三年九月号、二四六頁。

(17) すがやみつる『仮面ライダー青春譜――もう一つの昭和マンガ史』ポット出版、二〇一一年、四六-四七頁。

(18) 松任谷彦四郎編『学校調査二五年――あすの読書教育を考える』毎日新聞社、一九八〇年、二五四頁。

(19) 一九五〇年代の戦記特集雑誌時代には、少ないながらも掲載されていた特攻観音堂や鳥濱トメといった知覧に関するローカルな話題も後景に退いていった。

(20) 伊藤公雄は、戦後における「公式の大人文化」としての「平和主義・民主主義」の理念が、ときに「男の子文化」としてのミリタリー・カルチャーにとっては「抑圧的な装置」として機能していたと指摘する（伊藤公雄「戦後男の子文化のなかの『戦争』」中久郎編『戦後日本のなかの「戦争」』世界思想社、二〇〇四年、一五一-一七九頁）。当時の少年たちが、戦争文化、とりわけ戦記とメカに惹きつけられていたことを『丸』は象徴的に示している。

(21)「戦記雑誌『丸』の投書欄」『週刊文春』一九六〇年二月一五日号、三五頁。
(22)同右、三五−三七頁。
(23)同右、三七頁。
(24)「読者から編集者から」『丸』一九六八年九月号、二二六頁。
(25)「戦記雑誌『丸』の投書欄」『週刊文春』一九六〇年二月一五日号、三七頁。
(26)「読者から編集者から」『丸』一九六三年九月号、二四七頁。
(27)「編集後記」『丸』一九六五年二月号、二四二頁。次章で詳述するようにこの一九六五年三月号の「大特集・日本の百年戦争」の目玉企画は、林房雄と藤原弘達の対談企画「百年戦争をどう考えどう生きるか」であり、その編集後記でも「『百年戦争論』の宗家的存在」という林房雄の弁は「謹聴精読に値する、われわれの反省資料」として位置づけている。林房雄といえば、まさに当時『大東亜戦争肯定論』を出版し、論争を呼んだ作家であった。この座談会で林の相手を務めた明治大学教授で政治評論家の藤原弘達は、翌号一九六五年四月号より連載「大東亜戦争損得論」を開始する。
(28)「読者から編集者から」『丸』一九六七年九月号、二二八頁。
(29)内田雅敏『敗戦の年に生まれて――ヴェトナム反戦世代の現在』太田出版、二〇〇一年、四九頁。
(30)「読者から編集者から」『丸』一九六三年二月号、二〇二頁。
(31)「編集後記」『丸』一九六一年四月号、二〇四頁。
(32)「読者から編集者から」『丸』一九六一年三月号、一七八頁。
(33)吉田裕『日本人の戦争観――戦後史のなかの変容』岩波書店、二〇〇五年、一六三頁。
(34)「光人社・出版だより」『丸』一九六六年七月号、一五五頁。
(35)「編集後記」『丸』一九六一年二月号、一八〇頁。
(36)『丸』一九六二年二月号、一九五頁。
(37)「次号予告」『丸』一九六二年四月号、一八九頁。
(38)拙稿「「科学」と「軍事」の呪縛――一九五〇年代の航空雑誌での模型工作の営み」(神野由紀ほか編『趣味とジェンダー――〈手づくり〉と〈自作〉の近代』青弓社、二〇一九年、二五五−二八四頁)。
(39)野沢正『飛行機千一夜』光人社、一九七一年、二三頁。
(40)落合一夫「模型航空機の世界」『日本の航空一〇〇年』日本航空協会、二〇一〇年、六六六頁。
(41)「編集後記」『丸』一九六〇年一〇月号、一八〇頁。ただし同号では野沢の名が「伊沢」と誤って表記されている。

(42) 戦後二〇年日本の出版界編集委員会編『戦後二〇年・日本の出版界』日本出版販売株式会社、一九六五年、一〇四頁。

(43) 「編集後記」『丸』一九六五年一二月号、二一八頁。もちろんメカニズム欄だけでなく、「軍事知識としてのゲリラの正体、実話戦記の墜落記、趣味の写真撮影秘術、史実としてのムッソリーニ銃殺など、かなりバラエティに富ませたつもりだが、今後も各方面に内容を充実させて、ますますおもしろくて有益な雑誌にしてゆきたいと思う」(二一八頁)とも野沢は述べている。

(44) 塚田修一「文化ナショナリズムとしての戦艦「大和」言説――大和・ヤマト・やまと」『三田社会学』一八号、二〇一三年、一二〇―一三三頁。

(45) 一ノ瀬俊也『戦艦大和講義――私たちにとって太平洋戦争とは何か』人文書院、二〇一五年、一七一―一七二頁。

(46) 「編集後記」『丸』一九七〇年六月号、二八〇頁。

(47) 「読者から編集者から」『丸』一九六二年一月号、二〇七頁。

(48) 坂田謙司「プラモデルと戦争の『知』――「死の不在」とかっこよさ」(高井昌吏編『「反戦」と「好戦」のポピュラー・カルチャー――メディア/ジェンダー/ツーリズム』人文書院、二〇一一年)を参照。

(49) 「編集後記」『丸』一九六五年八月号、二一八頁。

(50) 「編集後記」『丸』一九六〇年八月号、一八〇頁。

(51) 鳥越信『児童文学と文学教育――児童文学研究シリーズ』牧書店、一九七一年、一八〇―一八三頁。

(52) 菅忠道『児童文化の現代史』大月書店、一九六八年、一九〇頁。同じく菅は別稿でも「近ごろでは、もっと直接の形で、日本人の防衛意識に訴えるような宣伝が露骨になっており、また太平洋戦争に取材し赫々たる戦果を通じて日本人の優秀さを物語るものが目だって多くなってきた。戦記・兵器雑誌「丸」の愛読者にはティーン・エイジャーが多いというが、その裾野は戦記マンガを通して小学生にまで及んでいる」(「現代の文化状況」坪田譲治他編『親と教師のための児童文化講座第五巻 マス・コミの中の子ども』弘文堂、一九六一年、一七頁)と述べている。

(53) 「読者から編集者から」『丸』一九六〇年六月号、一七八頁。

(54) 「読者から編集者から」『丸』一九六九年一二月号二三七頁。同様に一七歳の読者は「しかしやれ平和だ、民主主義だ、と今の人たちはいっていますが、もっと一人一人がしっかり真剣にならなければ、それは何の価値もないかざりものになってしまうのではないか、と思うと何だか悲しくなる」(「読者から編集者から」『丸』一九六五年七月号、二一六頁)。

(55) 小阪修平『思想としての全共闘世代』ちくま新書、二〇〇六年、四四頁。

■第四章

(1) 高橋秀尚・江畑謙介・渡辺明「プラモデル情報」『丸』一九六七年六月号、一六四頁。
(2) 石破茂・清谷信一『軍事を知らずして平和を語るな』KKベストセラーズ、二〇〇六年。
(3) 石破茂『国防』新潮文庫、二〇一一年、一七九頁。
(4) 『諸君』については、井上義和「『諸君!』――革新幻想への解毒剤」竹内洋・佐藤卓己・稲垣恭子編『日本の論壇雑誌――教養メディアの盛衰』創元社、二〇一四年を参照。
(5) 一九六〇年代の『中央公論』における「現実主義」論調については、山本昭宏『教養としての戦後〈平和論〉』(イースト・プレス、二〇一六年)や根津朝彦『戦後『中央公論』と「風流夢譚」事件――「論壇」・編集者の思想史』(日本経済評論社、二〇一三年)、竹内洋「『中央公論』――誌運の法則」竹内洋・佐藤卓己・稲垣恭子編『日本の論壇雑誌――教養メディアの盛衰』(創元社、二〇一四年)に詳しい。
(6) 戦後の『文藝春秋』については、井上義和「『文藝春秋』――卒業しない国民雑誌」竹内洋・佐藤卓己・稲垣恭子編『日本の論壇雑誌――教養メディアの盛衰』(創元社、二〇一四年)を参照。
(7) リレー・コラムとして設けられていた同欄の担当執筆者には、当初、「法学博士」滝川政次郎や「作家」浜野健三郎と並んで、「評論家」鶴見俊輔の名も挙がっている(『丸』一九五九年十二月号、八〇頁)。しかし、結局、鶴見が担当する回は管見限り見当たらず、鶴見の担当はたち消えになったようである。
(8) 「編集後記」『丸』一九六四年一二月号、二一〇頁。
(9) 丸山邦男については、苅部直『丸山眞男』(岩波新書、二〇〇六年)に詳しい。
丸山眞男の六歳下の弟である丸山邦男は、戦後日本を代表する思想家の丸山眞男についての苅部直の研究で一部紹介されている。苅部によると「戦後に雑誌記者をへて、日本のフリーライターの草分けとして活躍」した邦男は、丸山家の四人兄弟の末っ子として一九二〇年に生まれたが、
ただ一人勉強を嫌い、帝国大学に進めなかった。両親からも見放され、巣鴨商業学校、慶応義塾高等部をへて、早稲田大学の仏文科へ編入するが、母の死と終戦の衝撃で中退してしまう。そして家を出て、焼跡のなか、食うや食わずの生活をへて記者となる。結婚して千住柳町に住み、「エリート・インテリの巣窟」では味わえなかった「下町の人情」にふれ、人生観が変わったという。大学紛争のころには新左翼と全共闘を支持し、東大教授の鼻もちならない「エリー

ト意識、聖域意識」と、アジアに対する経済支配を批判しない「戦後民主主義」の欺瞞性とを攻撃したのである。邦男は慶応高等部のころに保田與重郎の作品を愛読し、戦場での死にあこがれ、出征したものの、「不運にも」入隊直後に熱を出して勤労動員に回され、生きのびた。同じような青年たちの中で、仲間が死に、生き残ったのはなぜなのか。終戦後ずっと、その運命の不合理さを自問している身にとっては、精神構造を筋道たてて分析して見せられても、ただただ、腹が立つだけなのである。（苅部直『丸山眞男――リベラリストの肖像』岩波新書、二〇〇六年、一四六―一四七頁）

こうした丸山邦男の立場性は、1章でも紹介したダイジェスト誌時代の『丸』での編集記者としての関与や、本章でのフリーライターとして自立した後の「戦後後民主主義」批判として、『丸』の遍歴とも重なる点もあろう。

(10) 「編集後記」『丸』一九六五年三月、二一八頁。
(11) 光瀬竜「戦士たち――読切連載〈SF戦記〉『丸』一九六五年一二月号、八三頁。
(12) 光瀬龍「あとがきにかえて」光瀬龍ほか『SF未来戦記全艦発進せよ！』徳間書店、一九七八年、二五八頁。
(13) 赤上裕幸「『放送朝日』――戦後京都学派とテレビ論壇」竹内洋ほか編『日本の論壇雑誌―教養メディアの盛衰』創元社、二〇一四年、二七一―二九二頁。
(14) 光瀬龍「あとがきにかえて」光瀬龍ほか『SF未来戦記全艦発進せよ！』徳間書店、一九七八年、二五八頁。
(15) 同右、二五九頁。
(16) 同右、二五九頁。
(17) 同右、二五九頁。
(18) 「読者から編集者から」『丸』一九六七年三月号、二六三頁。
(19) 福間良明『戦争体験の戦後史――世代・教養・イデオロギー』中公新書、二〇〇九年。
(20) 同右、九七頁。
(21) 「生き残り学徒兵座談会きけわだつみの声」『丸』一九六〇年六月号、一二〇頁。
(22) 戦中派世代の思想に関しては、福間良明『「戦争体験」の戦後史―世代・教養・イデオロギー』（中公新書、二〇〇九年）や、小熊英二『〈民主〉と〈愛国〉――戦後日本のナショナリズムと公共性』（新曜社、二〇〇二年）内の第一四章などに詳しい。
(23) 「生き残り学徒兵座談会きけわだつみの声」『丸』一九六〇年六月号、一二一頁。
(24) 「生き残り学徒兵座談会きけわだつみの声」『丸』一九六〇年六月号、一二三頁。

(25) 安田武『戦争体験――一九七〇年の遺書』朝文社、一九九四年、一三八頁。
(26) 「戦記雑誌『丸』の投書欄――戦争を知らない少年の夢」『週刊文春』一九六〇年二月一五日号、三五頁。
(27) 山下肇「戦争体験はいかに生かすべきか―日本戦没学生の精神―」『丸』一九六〇年六月号、二二頁。
(28) 同右、二二頁。
(29) 同右、二四–二五頁。
(30) 高城肇「編集後記」『丸』一九六〇年六月号、一八〇頁。
(31) 同右、一八〇頁。
(32) 同右、一八〇頁。
(33) 藤原弘達「大東亜戦争損得論」『丸』一九六五年四月号、八五頁。および藤原弘達『藤原弘達の生きざまと思索一〇吼える』藤原弘達著作刊行会、一九八〇年。
(34) 林房雄・藤原弘達「特別対談 百年戦争をどう考えどう生きるか」『丸』一九六五年三月号、八二頁。
(35) 同右、八二頁。
(36) 吉田裕『日本人の戦争観――戦後史のなかの変容』(岩波現代文庫、二〇〇五年)、福間良明『「反戦」のメディア史――戦後日本における世論と輿論の拮抗』(世界思想社、二〇〇六年)。
(37) 林房雄・藤原弘達「特別対談 百年戦争をどう考えどう生きるか」『丸』一九六五年三月号、八二頁。
(38) 藤原弘達「大東亜戦争損得論」『丸』一九六五年四月号、八五頁。
(39) 藤原弘達「大東亜戦争損得論」『丸』一九六五年五月号、二二〇頁。
(40) 同右、二二〇頁。
(41) 同右、二二四頁。
(42) 藤原弘達「大東亜戦争損得論」『丸』一九六五年一二月号、一六三頁。
(43) 同右、一六三頁。
(44) 藤原弘達「大東亜戦争損得論」『丸』一九六五年四月号、八五頁。
(45) 『丸』一九六五年七月号、二七頁。
(46) 「編集後記」『丸』一九六五年五月号、二五〇頁。
(47) 一九六〇年代後半における戦友会の社会的な盛り上がりについては、吉田裕『兵士たちの戦後史』(岩波書店、二〇一一年)などに詳しい。

(48) 安田武「『あゝ同期の桜』を斬る」『丸』一九六七年五月号、一三三頁。
(49) 同右、一三三頁。
(50) 同右、一三〇頁。
(51) 安田の論稿については、『丸』の誌上において以下のように好意的に言及されている。当時の編集長であった高野弘が「今月の毒舌」として取り上げ（「編集後記」『丸』一九六七年五月号、二三六頁）、また読者欄でも「一番はじめに読んだ記事でした」（「読者から編集者から」『丸』一九六七年七月号、二六二頁）とある。
(52) 安田武「体験的文学入門――野間宏の人と作品―小説『真空地帯』に見る歴史への証言―」『丸』一九六七年七月号、二〇五頁。
(53) 福間良明『「戦争体験」の戦後史――世代・教養・イデオロギー』中公新書、二〇〇九年、一五四―一六三頁。
(54) 安田武「学生は知的エリートか・学割プロレタリアートか」安田武・丸山邦男『学生――きみ達はどうするか』日本文芸社、一九六八年、一七―一八頁。
(55) 「読者から編集者から」『丸』一九六七年九月号、二二九頁。および「読者から編集者から」『丸』一九六八年一月号、二二八頁。
(56) 「読者から編集者から」『丸』一九六八年四月号、二二九頁。
(57) 「読者から編集者から」『丸』一九六八年五月号、二二八頁。
(58) 無着成恭・岡本喜八「日本の防衛……私にも一言」『丸』一九六九年五月号、四五頁。
(59) 「編集後記」『丸』一九六八年一〇月号、二七〇頁。
(60) 「読者から編集者から」『丸』一九七〇年一月号、二三六頁。
(61) 「編集後記」『丸』一九八一年九月号、二五〇頁。
(62) 「編集後記」『丸』一九七五年一〇月号、二四八頁。
(63) 「編集後記」『丸』一九七七年六月号、二四二頁。高野は「昭和一ケタ最後の世代としての〝戦争体験〟は容易に前編と後編とに分けられる。後半は空襲と焼跡に尽き余りに生々しい。そこへ行くと少年前期は起承転結も無縁、記憶も哀しいほど断片的で美しい。シンガポール陥落にゆれる旗波、野外音楽堂の可憐な少女歌手の少国民歌謡、大桟橋に迎えた邦人交換船の異様なトーン、山下公園入口で水兵さんにもらったチョコレートのほろ苦さ。暗転して厳粛な山本元帥追悼式、姉弟喧嘩の最中に仰いだ本土初空襲Ｂ２５の黒い機影等々」（二四二頁）とも述べている。
(64) 「編集後記」『丸』一九六七年一〇月号、二三六頁。さらに読者の側からも読者層に関心を寄せる投書がみられる。一九六九年一一月には、一四歳読者から次のような質問が寄せられている。「私はこの〝丸〟誌の読者年齢層がどのくらいの幅をもっているのかという点にたいへん興味がある。この雑誌がいわゆる戦争経験者の懐古趣味を、満喫させるのを主にして編集されているのだろうか、それともごく気楽な趣味の雑誌として編集されているのだろうか?私にはその主題が今なおはっきりしない。来年に安保をひかえた現在、軍事問題をあつかう当誌は、その編集目的を再び問う時期ではなかろうか?」(「読者から編集者から」『丸』一九六九年一一月号、二七六頁)。これに対して、編集部の側は次のように応答している。「するどいご質問ですが、編集部としては戦争の貴重な記録を、つぎの世代につたえることを通して、〈戦争〉と〈平和〉にかんする疑問を若い読者とともにかんがえる〝場〟をつくるのが、私どもの仕事と思っています。」(「読者から編集者から」『丸』一九六九年一一月号、二七六頁)。

(65) 高野は自らを「六〇年安保ボーイの残滓」(「編集後記」『丸』一九八八年一月号、二四八頁)とも語っている。

(66) 「読者から編集者から」『丸』一九七一年三月号、二八八頁。

■第五章

(1) 「読者から編集者から」一九七〇年一二月号、二八三頁。

(2) 「読者から編集者から」一九六六年一一月号、二〇〇頁。

(3) 具体的には、一九六九年一一月号に掲載された一八歳の読者からの次のような投書である。「私は〝丸〟の一購読者です。大東亜戦争の緒戦の帝国陸海軍のはなばなしい戦果の記事を、数多くのせられるよう期待してやみません。とくに海軍の平和時の生活の記録をのぞみます。日清、日露の戦歴などものせられてはいかがでしょう。私は自衛隊とか、近代戦の記事はのせなくてもよいと思っております」(「読者から編集者」『丸』一九六九年一一月号、二七六頁)。

(4) 「読者から編集者から」『丸』一九七〇年一月号、二三六頁。

(5) 同右、二三六頁。

(6) 同右、二三七頁。

(7) 「読者から編集者から」『丸』一九七〇年二月号、一七三頁。

(8) 「読者から編集者から」『丸』一九七〇年四月号、二七七頁。

(9) 同右、二七七頁。

(10) 同右、二七七頁。

(11) 「編集後記」『丸』一九七〇年一月号、二八〇頁。翌二月号の編集後記でも次のように七〇年安保への言及が見られる。「安保廃棄して自主独立路線をあゆむか、安保継続して日米運命共同体の道をゆくか――いよいよ日本の未来を大きく左右する一九七〇年の幕あけです。七〇年の選択は世界の注目するところです。と同時に、この別れ道は日本がふたたび〝アジアの軍隊〟となる危険もはらんでいます。戦争のない独立国となるための〝選択〟それは目前にせまっています。」(「編集後記」『丸』一九七〇年二月号、二一六頁)。

(12) 小山内宏「これが七〇年代のゲリラ戦用兵器だ」『丸』一九七〇年五月号、九〇頁。

(13) ジャーナリスト・三宅琉平「アンポそこのけ〝万博〟が通る」『丸』一九七〇年五月号、一一八頁。

(14) 「読者から編集者から『丸』一九七〇年一月号、二三六頁。「一九七〇年の日米安保条約再継続は、おそらくその後のわが国を決定的な方向にとひきづっていくであろう。われわれがここで認識しなければならない事は、資本主義体制と社会主義体制の矛盾がいよいよふかまり、爆発状態にはいっていくことであろう。物質の繁栄のみにわきたつ現在のわが国の正体がどのようなものであったか、いやでもあと数年のうちにバクロされると考えるのは、たんなる妄想だろうか。」(二三六頁)

(15) 「読者から編集者から」『丸』一九七〇年三月号、二七六頁。「「古きをたずねて新しきを知る」と言う言葉がある。「丸」も過去の戦争をたずねて、現在の平和を知るという精神から発刊されているのだと思います」というこの読者は、「そして〝核〟の平和利用か、軍用かを人類はえらばなくてはならない。ぼくは防大への入学をこころざしています。国を守る、という精神で、ぼくが守らなくていったい誰が守るか、という心いきこそが人間の心にある戦いの原因の〝不和〟をなくすための、果てしない防衛の戦いを支えるのだと思う」(二七六頁)と綴っている。また他にも「国のためだけを思って散っていった、偉大な先輩たちを思うとき、一部の大学生の行動にはほんとうに腹が立ってくる」という一七歳の読者の投書も掲載されている(「読者から編集者から」『丸』一九七〇年一月号、二三六頁)。

(16) 「読者から編集者から」『丸』一九七三年九月号、二五九頁。

(17) 中曽根が策定した「四次防」については、服部龍二『中曽根康弘――「大統領的首相」の軌跡』(中公新書、二〇一五年)や、佐道明広『自衛隊史――防衛政策の七〇年』(ちくま新書、二〇一五年)を参照。

(18) 「読者から編集者から」『丸』一九七三年一二月号、二五九頁。

(19) 同右、二五九頁。

(20) 同右、二五九頁。

(21) 「読者から編集者から」『丸』一九七〇年六月号、二三六頁。

(22) 「編集後記」一九七六年九月号、二四二頁。

(23)「読者から編集者から」『丸』一九六九年一一月号、二七七頁。
(24)「読者から編集者から」『丸』一九七〇年三月号、二七七頁。
(25)「読者から編集者から」『丸』一九六九年一一月号、二七六頁。
(26)同右、二七六頁。
(27)石井浩史「二十五年目の暑く長い夏」『丸』一九七〇年九月号、一〇〇頁。
(28)「編集後記」『丸』一九七一年八月号、二九〇頁。
(29)姫田光義「栄光なき日中戦争《開戦》始末記」『丸』一九七一年一一月号、五一頁。
(30)「編集後記」『丸』一九七一年一一月号、二九〇頁。
(31)高橋甫「拝啓ニクソン大統領殿」『丸』一九七〇年七月号、二一二頁。
(32)同右、二一二頁。
(33)同右、二一二頁。
(34)同右、二一六頁。そのうえで高橋は、「アメリカの大統領の権限がいかなるものであれ、不正義の侵略戦争をおこなって、他国民をみな殺しにしたり、自国民をとめどなく死に追いやるようなことはゆるされないはずです。ましてや、諸国民を核戦争で脅迫したり、現実に核戦争へ投げこんだりすることは、言語道断です」と綴っている(二一七頁)。
(35)日外アソシエーツ編『評論家人名事典』日外アソシエーツ、一九九〇年、七七頁。
(36)「軍事問題研究会設立趣意書」『軍事民論』特集第一号、一九七五年、一〇七頁。
(37)「軍事問題研究会・機関構成名簿」『軍事民論』特集第一号、一九七五年、一一〇頁。
(38)『軍事民論』特集第一号、一九七五年、一五四頁。
(39)「平和人物大事典」刊行会編『平和人物大事典』日本図書センター、二〇〇六年、四七八頁。
(40)小山内宏「ヴェトナム戦争論」『軍事民論』特集第二号、一九七五年、二四頁。
(41)同右、一九七五年、二四頁。
(42)福嶋亮大『ウルトラマンと戦後サブカルチャーの風景』PLANETS、二〇一八年、二三八頁。
(43)「ブック・Book・ぶっく」『丸』一九七四年五月号、一六七頁。
(44)「平和人物大事典」刊行会編『平和人物大事典』、一四三頁。
(45)同右、一四三頁。
(46)「ブック・Book・ぶっく」『丸』一九七四年五月号、一六七頁。

(47)「平和人物大事典」刊行会編『平和人物大事典』、四七八頁。
(48)藤井は『前衛』では一九六二年八月号から一九六三年一月号「自衛隊の現状」と題して全五回寄稿している。また『べ兵連ニュース』第七〇号（一九七一年八月一日号）へは「レアード来日と自衛隊」を寄せている。
(49)藤井治夫『戦争がやってくる』筑摩書房、一九九一年、二一三頁。
(50)同右、二〇六頁。
(51)同右、五頁。
(52)同右、六頁。
(53)同右、三五-三六頁。
(54)同右、三七頁。
(55)藤井治夫「この目でみた中国最新事情――生きている日本軍のつめ痕」『丸』一九八二年一二月号、九七頁。
(56)同右、九五-九六頁。
(57)教科書問題の経緯については、中村政則『戦後史』（岩波新書、二〇〇五年）における第四章「「戦後」のゆらぎ（一九七三～一九九〇年）」内の「4忘却の中の戦争――アジアから問われる戦争責任」（一六六-一六九頁）を参照。
(58)「平和人物大事典」刊行会編『平和人物大事典』、四九八-四九九頁。
(59)同右、四九八頁。
(60)「編集後記」『丸』一九七三年八月号、二六二頁。
(61)遠藤三郎「ある反軍将星〝重慶爆撃〟ざんげ録」『丸』一九七四年七月号、一一〇頁。
(62)同右、一一四頁。遠藤は「戦争は人類はもちろん、兵器のもつ凶暴性をかぎりなくエスカレートさせるものである。満州事変のとき、山砲弾を改造したわずか数十発の錦州爆撃であれほどの大騒ぎをした日本が、六年後には海軍航空部隊の南京渡洋爆撃となり、さらに四年後には、おなじく海軍によるパールハーバーの大空襲となった」（一一四頁）とも述べている。
(63)同右、一一五頁。
(64)同右、一一五頁。
(65)「憲法擁護国民連合」は、一九五四年一月に社会党を中心に労働団体や婦人団体、学者や学生団体が結集し、再軍備反対・憲法擁護を掲げて組織化された護憲運動団体である（山本昭宏『教養としての戦後〈平和論〉』イースト・プレス、二〇一六年、五四頁）。
(66)「編集後記」『丸』一九七二年九月号、二九〇頁。

(67)「読者から編集者から」『丸』一九七五年四月号、二〇一頁。

(68)「読者から編集者から」『丸』一九七七年七月号、二三八頁。具体的な内容としては次のようなものである。「『日韓防衛機構』を論じた藤井治夫氏の論文は、豊富な資料にもとづき、また、氏の卓越した理論には、いつも感心させられる。しかしながら、残念なことに、氏はマルキストであるらしく、その論調には左翼的偏見が満ち満ちている。そして、自衛隊や米軍の内実がさも侵略的であるかのように、けんめいになって描こうとしている。自分としても、他国に脅威をあたえるような軍事力の保持には反対であるが、自衛的性格の現在の自衛隊を維持することはなんら支障はないと思う。藤井氏がもう少し中立的な立場から軍事的考察をするならば、より説得力が出てくるのではないかと思う」(二三八頁)。

(69)軍事問題研究会が主催する「軍事セミナー」の案内としては、『丸』一九八八年一月号「読者から編集者から」内の「お知らせ」欄にみられる。「主催軍事問題研究会」とした案内では、「『軍事民論』50号刊行を記念して講演会が開かれます。評論家山川暁夫氏による「ポスト中曽根政権と日本の軍拡」と増田裕司氏の「日米ハイテク戦争の裏を読む」の二つがメインテーマです」(二〇五頁)と紹介されている。また一九八八年六月号「読者から編集者から」においても軍事問題研究会が主催する「第Ⅲ期みんろんミリタリー・セミナー」の案内が掲載されている。同セミナーの内容として、「講師/福好昌治(軍事問題研究会事務局長)」による「軍事問題ビギナーズ・コース」「これだけ知っていればあなたも軍事通」「第1回軍事機密、第2回防衛庁・自衛隊、第3回日本の軍事基地、第4回日米韓軍事態勢、第5回米軍事戦略」と、「講師/長洲等(外交防衛問題リサーチャー)」による「軍事英語ビギナーズ・コース」「英語で最新軍事情報を知ろう」などが紹介されている(二〇四頁)。

■第六章

(1)高崎伝「泣き笑い下級兵士ソントク勘定考」『丸』一九七五年五月号、一五三頁。

(2)同右、一五七頁。

(3)高崎伝「著者の経歴」『丸』一九六九年一〇月号、二四九頁。高崎伝『最悪の戦場に奇蹟はなかった――ガダルカナル、インパール戦記』光人社ＮＦ文庫、二〇〇七年、一八五頁。

(4)「ブック・Ｂｏｏｋ・ぶっく」『丸』一九七五年一月号、一七二頁。もっとも同書評においては続けて「だが、著者の本領は必ずしもそこにはない」として高崎の綴る「どんな逆境に面しても、いやむしろ逆境であればあるほど、明るくたくましく切り抜けていく、驚くほどの生活力の旺盛さにこそ、著者の真面目があり、本書のつきない興趣の源がある」と評している(一七二頁)。

(5) 同右、一七三頁。
(6) 「読者から編集者から」『丸』一九七五年七月号、二〇一頁。
(7) 「読者から編集者から」『丸』一九七四年一月号、二五九頁。この読者は続けて「なお私は「丸」創刊いらい毎号欠かしたことなく愛読しておりますが「第一線軍事記者のファイル」の水田章氏の主張にもみるごとく、本誌の性格もずいぶん変わったようですね。非武装中立論のごとき寝言は本紙にかぎって取りあげるべきでないと思うが……。日本の古来の精神的武装を主張するのが本誌の価値観と考えるが、いかがであろうか」と、軍事に対する『丸』の立場性を批判している。
(8) 「編集後記」『丸』一九七〇年七月号、二八六頁。
(9) 「読者から編集者から」『丸』一九七五年六月号、二四四頁。
(10) 当時の「編集後記」においても編集部の菊池征男は「今年は戦後三十年――二十世紀最大の悲劇であった第二次大戦の戦争は終わったといわれながらも一昨年〝最後の日本兵〟ブームのキッカケをつくった横井さん、昨年の小野田さん、中村さんらがぞくぞく生還するや、戦争を忘れかけていた人びとには、はげしいショックをあたえたようだ。そして今年、ギリシャのクレタ島から元レジスタンスの兵士二人が生還。やはり、洋の東西を問わず戦後は終わっていないのだ」と綴っている（「編集後記」『丸』一九七五年五月号、二四八頁）。
(11) 王子田孝志「〝還らざる日本兵〟はここにもいた」『丸』一九七五年四月号、五八頁。
(12) 高崎伝「ゴロツキ兵士現代を斬る・孤高の帰還兵〝小野田元少尉〟星一つの悲劇」一九七四年七月号、一四四頁。また「陸軍生徒からやっと甲幹少尉になった小野田さんが、命令をまもって三十年間がんばったのも、軍隊経験に日のあさかった、星一つの〝まじめ少尉〟ゆえの悲劇であった」（一四九頁）とも高崎は語っている。
(13) 「読者から編集者から」『丸』一九七四年一一月号、二四四―二四五頁。
(14) 同右、二四五頁。
(15) 「ブックガイド」『丸』一九七五年一二月号、一一六頁。
(16) 同右、一一七頁。続けて「それと、やや気になる点に、ときに過度とも思えるほどの道義的反省、批判が顔を出す点、〝軍事参議官山下奉文少将ら〟といったような無神経な用語法などがある」（一一七頁）とも指摘される。
(17) 「ブックガイド」『丸』一九七五年一二月号、一一七頁。
(18) 「ブックガイド」『丸』一九七六年一一月号、一三八頁。
(19) 高橋三郎『「戦記もの」を読む――戦争体験と戦後日本社会』アカデミア、一九八八年、八五―八六頁。
(20) 「読者から編集者から」『丸』一九七一年八月号、二八七頁。

(21) 秦郁彦（聞き手・笹森春樹）『実証史学への道――一歴史家の回想』二〇一八年、中央公論社、一〇五―一一二頁。

(22) 例えば、秦郁彦「熱血防空戦闘機隊五つの顔」（『丸』一九七六年一一月号、九八―一〇三頁）では、陸軍河野信少尉の手記をもとに、終戦直前の中国戦線での特攻隊の様子などが描かれている。

(23) 「編集後記」『丸』一九七五年九月号、二四八頁。

(24) 「編集後記」『丸』一九八三年三月号、二五四頁。

(25) 星野義男の肩書は『丸』一九七一年三月号、八〇頁を参照。

(26) 星野義男「戦争を語りつぐもの」『丸』一九七九年一一月号、二〇四頁。

(27) 高橋三郎「「戦記もの」の四〇年と戦友会ほか」高橋三郎編『新装版共同研究戦友会』インパクト出版会、二〇〇五年、三一三頁。

(28) 「編集後記」『丸』一九七七年六月号、二四二頁。

(29) 「読者から編集者から」『丸』一九七五年九月号、二〇一頁。

(30) 「編集後記」『丸』一九七八年一〇月号、二四二頁。

(31) 伊藤公雄『「戦後」という意味空間』インパクト出版会、二〇一七年、五三頁。

(32) 吉田裕『兵士たちの戦後史――戦後日本社会を支えた人々』岩波現代文庫、二〇二〇年、一三二頁。

(33) 一九八一年一二月号の読者欄においては「戦後三十六年、本誌を愛読して満十年になります。この間『読者からの覧』で見知らぬ人から便りをいただき、この人が海軍航空隊兵器員の先輩であったことがわかり以後、交遊を深めています。現在、地域で戦友会をもっておりますが、本誌の愛読によって、昭和十九年から二十年の終戦時にかけての航空隊関係の戦闘、後方基地における、いままで知らなかった事柄が体験者の発表によって、すこしずつそのベールがはがされ、当時のことを知ることができました。私は第二鹿屋空の出身ですが、以前に連載されていた航空基地めぐり的なもので、練習航空隊の跡を、図面でもよいですから掲載してもらいたいものです」（二四九頁）という読者の声がみられる。一九七八年七月号の読者欄においても「私は昭和一七年ごろ、船舶兵の前身で、暁第六一四五部隊におり、上海の第二船舶輸送司令部参謀部に勤務していた。そして一八年六月ごろ、船舶工兵第一二連隊を編成して、ラバウルへ行った。そんな関係で、五月号の特集記事のなかの『ビルマ最前線アリ輸送』の記事は、感激しながら拝読した。今でも毎年、当時の戦友たちと戦友会を開いている」（一九八頁）と戦友会での交流が綴られている。また一九七九年三月号においても『幻の第一気象連隊』――興味というより、まさしく小生と同様の部隊のことが記載されている。第一航空情報連隊というのがそれである。小生の方は、終戦三十周年を機に戦友会を組織し、毎年八月、元部隊跡にて慰霊祭および場所を変えて懇親会を開催している。

会員数は約三百名。基地関係の戦友会をあわせると数百名（いずれも外地からの復員者）になる。が、第一気象連隊同様、特殊な部隊であるゆえ（わが国では最初のレーダー部隊であった）、いまなお。不明者は三〜四万名くらいはいると思う。近いうちに、わが隊の実情なども投稿したいと考えている。現在、この戦友会（部隊のあった地元の地名をとり＝静岡県磐田市＝磐田会）の会長をしている」（二〇二頁）という読者の声がみられる。

先述のように一九七七年六月号の編集後記においても「最近、戦友会や同期生会の活発な活動をよく耳にする。戦争体験記集や戦死者への追悼文集などが刊行され、名簿の作成、あるいは慰霊碑の建立も聞く。今月号の特集でいろいろお世話になった予備学生の会「制潜会」でも、一昨年に碑を建てておられた。戦後三十余年、ファナティックな時代に青春を埋没させた人々が、老境を前に自省、回顧の時を迎えたからかも知れない。」（二四二頁）と戦友会から協力を得ていたことが言及されている。

(34)「全国戦友会総覧」『日本兵器総集〈昭和一六〜二〇年版〉——月刊雑誌『丸』別冊』潮書房、一九七七年、三二五頁。

(35) 高橋三郎編『新装版共同研究戦友会』インパクト出版会、二〇〇五年、三四二頁。

(36)「読者から編集者から」『丸』一九七五年一二月号、二四五頁。

(37)「読者から編集者から」『丸』一九七五年八月号、二四四頁。

(38) 坂井三郎「戦話大空のサムライ」『丸』一九七八年六月号、一四三—一四四頁。坂井自身は「私たちは、当時、太平洋戦争で生き残るなということは万に一つの確立もないことだと覚悟していました。覚悟というと、権力によって押しつけられたように聞こえますが、そうではありません」とも語っている。

(39)「読者から編集者から」『丸』一九七八年八月号、二四一頁。同様の声として「『戦話・大空のサムライ』を読むと、現在のわれわれの生きざまにいろいろ参考になりますね。『ねばってねばって、最後までねばって自分の型をつくりあげ、堂々たる〈勝ち〉を握ることこそ、人生の、また勝負のダイゴ味といえる』という坂井三郎氏の言葉は、私の腹にぐっと重くのしかかってきます」（「読者から編集者から」『丸』一九七八年五月号、一九九頁）が読者欄にみられる。

(40) 坂井三郎「戦話・大空のサムライ」『丸』一九七九年六月号、一八五—一八六頁。

(41) 同右、一九〇頁。

(42) 坂井三郎「生き残った私の義務」『丸』一九六五年九月号、一八〇頁。

(43) 同右、一八〇頁。

(44) 坂井三郎・高城肇「大空のサムライ始末」『丸』一九七三年二月号、六四頁。同連載のなかで、高城も「現代はいちおう〝平和の時代〟といわれる。しかし、それにもかかわらず、われわれの周囲には、敵意と悪意とが満ち満ちている。もちろん、むきだしの場合と、そうでない場合とがあるんですが、これも、いうならば生存のためのたたかい、といえなくもない。好むと好まざるとにかかわらず、ひとはなんらかの〈戦いの場〉に身をさらしているんです。これは、平時と戦時の区別がない。いわゆるノン・セクションなんですね。だから坂井さんの語る空戦哲学が、人生における一戦訓として尊重されるわけです」（高城肇・坂井三郎「大空のサムライ始末」『丸』一九七四年六月号、一六八頁）と述べている。

(45) 「読者から編集者から」一九七九年三月号、二〇三頁。

(46) 吉田裕『日本人の戦争観――戦後史のなかの変容』岩波現代文庫、二〇〇五年、一七一頁。

(47) 「読者から編集者から」『丸』一九七九年九月号、二四九頁。

(48) 阿部潔『彷徨えるナショナリズム――オリエンタリズム／ジャパン／グローバリゼーション』世界思想社、二〇〇一年。

(49) 『海軍人造り教育』広告『丸』一九八〇年四月号、広告。

(50) 「新刊ガイド」『丸』一九八七年七月号、一八二頁。

(51) 井上義和『未来の戦死に向き合うためのノート』創元社、二〇一九年。

(52) 高城肇・坂井三郎「大空のサムライ始末」『丸』一九七四年五月号、一六八頁。

(53) 「編集後記」『丸』一九七四年五月号、二四六頁。他には、竹川による「ある外国紙が、小野田さんと日本の観光団との精神的な類似を指摘していた。上官の命令をあくまで遵守した小野田元少尉も、引率者に従ってぞろぞろ観光地をまわる団体客も、上からの指示で行動している点は変わらないという。正に日本人の特性だと思う。先日の物不足パニックも、この辺が原因かも。ところで、比国政府は日本人観光客をめあてに、さっそくルパング島の開発をはじめるという。オレも行こうカナ。」（二四六頁）。

(54) 「『丸メカニック』創刊「世界軍用機解剖シリーズＮｏ．１紫電改」」『丸』一九七六年一一月号、中綴じ広告。

(55) 『極秘日本海軍艦艇図面全集』の刊行に当たっては潮書房の声明として次のように説かれている。「小社の発行にかかる雑誌丸が創刊されてからすでに二十七年を経過し、その間に発行された丸誌は、本誌のみにてもいまや三百五十合目を迎えようとしている。しかもまたその間に、丸エキストラ版、丸グラフィック等の隔月刊、季刊雑誌を世に送り、われらはその悲願ともいうべき、戦争の実態を多くの人々に知らしめ、そのことによって、真の平和の意味を現代の胸奥に送りこんできた。もちろん、われらの微力をもってしては、なにほどの実りもなかったかもしれないが、つねにドン・キホーテ的精神を堅持して、いささかも微動だにせず努力をかさねてきた。一口に二十七年といっても、四半世紀以上にわたる一主題への挑戦は、かならずしも容易なことではなく、毀誉褒貶に富んだ四半世紀であったといえようか。われらは、この四半世紀の間に、無慮数万枚におよび第二次大戦関係の写真フィルムを入手したが、その大半は、軍艦、軍用機等に関するメカニックなものであり、それらは、わが国はいうにおよばず、世界のどこにも類を見ない厖大なものとなりつつある。それらの写真、資料を駆使して、今回、別掲の如き「極秘・日本海軍艦艇図面全集」の発刊を企図した。海上の楼閣をふたたび海に浮かべんとする愚をくりかえすことなく、先人たちの遺した〝技術の城〟を本図面全集によって満喫され、将来ともに末長く保存されんことを期待してやまない（「『極秘日本海軍艦艇図面全集』刊行に当たって」『丸』一九七四年一二月号、中綴じ広告）。

(56) 「読者から編集者から」『丸』一九七六年三月号、二四五頁。

(57) 「読者から編集者から」『丸』一九七五年二月号、二四五頁。

(58) 松本零士「私の『ヤマト』と『大和』――宇宙戦艦ヤマトのルーツ」『丸』一九七八年一一月号、八〇-八一頁。同記事内にて松本は、「「大和」もゼロ戦もクソもない頃だったのだ。そういう時代に育ったからよけい日本の飛行機や戦艦にひかれたのかもしれないとも思うが、自分自身がマニア中のマニアを自認しているから、何が好き、どこが好きかといわれてもはっきりと答えられない」（八〇-八一頁）と述べつつ、「しかし「ヤマト」と聞いて胸にズシリと来ない訳にはいかなかった。「大和」はまだ沈んだままで三千数百自体の遺骨も共に海底に沈んだままなのだ。どうあつかうにしろ、それをSFだと割り切るにしろ、やったあとやはり、あれこれと後悔の念が浮かんで来てしまう。実在した「大和」という偉大なキャラクターの前に、やはりフィクションは影が薄いのかもしれない。私は「大和」も「ヤマト」も、ゼロ戦も疾風も好きだ。自分の趣味である限り気楽だったのだが、作品化アニメ化するとなればどうしても、共に死んだ人達の事を考えないわけにはいかなくなる。願わくば……機会があるなら実在した戦艦大和のドラマをアニメーションでない、生身の人間の動く映画にしてみたいと思う。　戦艦が撃たれれば血が流れるし、人体は四分五裂する。戦艦の上で内部で死ぬ人間もまた、血と肉の固まりとなる。私はその事を忘れたくない」（八一頁）と説いている。

(59) もっとも編集部もメカニズム志向が前景化することの警戒感も示していた。「編集後記」において竹川は以下のように綴っている。「開幕直後の「つくば博85」を見学してきた。いろいろな批判もあるが、行ってみればそれなりに楽しかった。人類の未来と科学をテーマにした万博だけに、どのパビリオンに入っても、科学のもつバラ色の可能性が強調されていた。しかし、一寸皮肉な目でみれば、ロボットは飛行機やミサイルの部品に、エレクトロニクスは殺人光線に、バイオテクノロジーは生物科学兵器に、原子力技術は核兵器の製造に転換できるのだ。文明とはつねにダモクレスの剣であることを、今号の特集で読者諸兄にご理解いただければ幸甚。」（編集後記」『丸』一九八五年六月号、二六〇頁）。

(60) 「軍隊喇叭」広告『丸』一九七九年五月号、二一六頁。

(61) 『丸』一九八五年五月号、二五七頁。

(62) 財団法人防衛弘済会編『自衛隊遊モア辞典』講談社、一九九六年、二七三頁。同書の編集「メンバーはすべて現役の自衛官で、陸海空それぞれの自衛隊員をもって構成。防衛大学校出身、一般大学出身など経歴、年齢もさまざまだが、いずれも中堅の幹部クラスである」(三一三頁)。

(63) 財団法人防衛弘済会編『自衛隊遊モア辞典』講談社、一九九六年、三一一頁。

(64) 「読者から編集者から」『丸』一九九六年六月号、二六二頁。その他にも六八歳の読者からの「防衛庁の「丸」を批判しているとのこと。過去をふり返ることなく未来を語れようか。ハイテク兵器も一発に被弾によって電源が切れれば、たちまち機能を失って、クズ鉄同様となる。そうなれば、多数の人命が失われないと保証できますか。ハイテクに頼るのはキケンだと思います」(二六二頁)という声や、二三歳からの「防衛庁に過去の歴史や戦訓を軽視する意向があるなら、まさにオモチャの軍隊にしかならない。もちろんハイテクや近代兵器も大切だが、過去も永遠に大切である。その両面を直視してこそ真の防衛と、未来において軍隊がいらない時代を築く礎の一つとなるのであるから、両方を大切にしてほしい」(二六二頁)という声、また七〇歳「「丸」がいまだに古クサイ戦記物にこだわっているというが、「丸」ファンの一人としては、大きなお世話だ。「丸」から戦記物が無くなったら、「丸」ではない。今後も一冊全部戦記物でうめて下さい。ハイテクものは西暦二〇〇〇年後にして下さい」(二六二頁)などの声が掲載されている。

(65) 「読者から編集者から」『丸』一九九六年六月号、二六二頁。

(66) 「読者から編集者から」『丸』一九九八年六月号、二六三頁。

(67) 「光人社ノンフィクション文庫創刊」『丸』一九九二年一二月号、中綴広告。

(68) 「編集後記」『丸』一九九一年四月号、二六八頁。

■おわりに

(1) 神浦元彰「『国家秘密法』下に『軍事評論家』は生き残れるか!?」『丸』一九八七年八月号、七七頁。

(2) 同右、七七頁。

(3) 「読者から編集者から」『丸』一九六九年三月号、二六八頁。同様に別の読者も「「丸」を愛読しはじめてからもう五年目をむかえました。本箱にずらりとならんだ四十冊あまりの「丸」は見るだけで壮観です。はじめのうちは、戦争に対するカッコよさだけでに興味をもって読んでいましたが、いまでは、戦争のありのままの姿を正しく理解しようとつとめています」と述べている(「読者から編集者から」『丸』一九六八年一月号、二二八頁)。

(4) 伊東駿一郎「世界の軍備　現代に生きる〝戦争学の聖典〟」『丸』一九七〇年六月号、一七五頁。伊藤は「太平洋戦争にまけるまで、日本軍人にとっての「戦争論」は、戦争の聖典であった。だが日本は、この軍事的天才の著作を正しくは理解しなかったとおもわれる」とも述べている（一七四頁）。

（5）戦記への関心と学生運動が地続きであったことは、当時「丸少年」だった吉田裕の回想にも窺うことができる。吉田は次のように「自分史」を語っている。

「私は一九五四年生まれですが、少年期には月刊の軍事専門誌である『丸』や『ジュニア版太平洋戦争』全六巻（集英社、一九六二〜一九六四年）などを読みふけりました。当時の『丸』は今のそれとはだいぶ違って現代の軍事問題はほとんど取りあげず、アジア・太平洋戦争関係の「戦記もの」の専門誌でした。同時に、一九六〇年代前半は、一九五〇年代末に創刊された少年漫画週刊誌、『少年マガジン』や『少年サンデー』などの誌上を「戦記もの」が席巻した時代でした。戦争漫画をむさぼるように読んだ記憶が鮮明に残っています。また、プラモデルが好きで、戦闘機や戦車などのプラモデル作りにも熱中しました。こうしたことは、全共闘世代からぼくらの世代までの共通体験のようです」（吉田裕「「戦争」研究と自分史――シンポジウム「『戦争』研究の視角――社会学と歴史学の交差」より」『戦争社会学の構想――制度・体験・メディア』勉誠出版、二〇一三年、八七-八八頁）

（6）佐藤卓己『増補八月十五日の神話――終戦記念日のメディア学』ちくま学芸文庫、二〇一四年。

（7）「編集後記」『丸』一九八七年一〇月号、二四八頁。

（8）「編集後記」『丸』一九八一年一〇月号、二五〇頁。高野はさらに次のように語っていた。「八月一五日の九段界隈は柳に涼風年中行事の民族大移動の故か意外な程ひっそりとしたただずまい。時折勇ましい戦闘服のお兄さん方が宣伝カーのマーチを鳴らして過ぎるのみ。三六回目の敗戦記念日。九段の杜に閣僚のお歴々、立場を異にする人々は無名戦士の眠る千鳥ヶ淵等それぞれに参拝の由。まずは平穏裡に暮れそうである。それにしても物足りなさはどうだ。かつて日本中の大小都市で無念の焼死をとげた銃後の戦士の霊はいずくに訪ねればよいのか。影形もみえぬ。十一歳の親友もB29の翼下で〝戦死〟したのに……」（二五〇頁）。

（9）ダニエル・J・ブーアスティン（星野郁美・後藤和彦訳）『幻影の時代』東京創元社、一九六四年、一四三頁。

（10）井上和彦「後世へ語り継ぎたい将兵の肉声」『丸』二〇一八年四月号、三五頁。

（11）「産経新聞出版、潮書房光人社を買収：産経ニュース」二〇一七年一〇月一八日（https://www.sankei.com/life/news/171018/lif1710180034-n1.html：最終閲覧日二〇二一年一月三一日）

（12）「産経ＮＦ文庫」創刊！ 井上和彦さんベストセラー「日本が戦ってくれて感謝しています」2冊同時刊行」（https://prtimes.jp/main/html/rd/p/000000380.000022608.html：最終閲覧日二〇二一年一月三一日）

(13) 井上和彦「井上和彦の封印された日本の近現代史」『丸』二〇二一年二月号、一一八頁。

【ら行】

【ま行】

【や行】

【な行】

【は行】

【た行】

【か行】

【さ行】

人名索引

＊あとがき及び図表キャプションは対象外とした。
＊頁の後の「t」は表を、「n」は注を意味する。

【あ行】

■著者略歴

佐藤彰宣　SATO Akinobu

1989年兵庫県神戸市生まれ。2017年立命館大学大学院社会学研究科博士後期課程修了。博士（社会学）。立命館大学産業社会学部授業担当講師、東亜大学人間科学部講師などを経て、2021年より流通科学大学人間社会学部専任講師。専門は文化社会学、メディア史。

著書に『スポーツ雑誌のメディア史』（勉誠出版）、共著に『「知覧」の誕生』（柏書房）、『趣味とジェンダー』（青弓社）、『近頃なぜか岡本喜八』（みずき書林）などがある。

装丁・ブックデザイン　森 裕昌

〈叢書パルマコン 04〉

〈趣味〉としての戦争

戦記雑誌『丸』の文化史

pharmakon 04

2021 年 6 月 20 日　第 1 版第 1 刷発行

著　者　佐藤彰宣
発行者　矢部敬一
発行所　株式会社創元社
https://www.sogensha.co.jp/
〔本　　社〕〒 541-0047 大阪市中央区淡路町 4-3-6
Tel. 06-6231-9010 Fax. 06-6233-3111
〔東京支店〕〒 101-0051 東京都千代田区神田神保町 1-2 田辺ビル
Tel. 03-6811-0662

印刷所　株式会社太洋社

ISBN978-4-422-20296-9 C0021

pharmakon

叢書パルマコン
——書物、それは薬にして毒

01 **大衆の強奪**
全体主義政治宣伝の心理学
セルゲイ・チャコティン　佐藤卓己［訳］　312頁・定価（本体3,500円＋税）
戦後民主主義が封印した、〈反ファシズム宣伝教本〉

---

02 増補 **聖別された肉体**
オカルト人種論とナチズム
横山茂雄　382頁・定価（本体3,800円＋税）
近代オカルト研究伝説の名著が、ついに増補再刊！

---

03 **農の原理の史的研究**
「農学栄えて農業亡ぶ」再考
藤原辰史　360頁・定価（本体3,500円＋税）
ロマン的農本主義を乗り越える、農学原論の試み。
